民航安全术语小手册

主　编　姜　兰
副主编　杨志东

金盾出版社

内 容 提 要

本书是在中国民用航空局安全能力建设项目《民航安全术语标准化研究》项目研究成果的基础上，历经四年时间查阅了大量相关文献资料（包含所有中国民航安全相关法律、法规、规章、标准等），并经过专家评审及多次修订完成的。全书收录民航安全术语九百余条，涵盖了民航安全管理的五个方面（安全监察、安全信息、事故调查、应急管理、综合安全管理）和民航安全基础专业的七个方面（飞行标准、机场运行管理、空中交通管理、适航审定及维修、航空安保、航空运输及其他）。

本书可作为民航安全管理专业技术人员的参考用书。

图书在版编目(CIP)数据

民航安全术语小手册/姜兰主编. —北京：金盾出版社，2022.1

ISBN 978-7-5186-0134-9

Ⅰ.①民… Ⅱ.①姜… Ⅲ.①民航运输—安全管理—名词术语 Ⅳ.①F560.6-61

中国版本图书馆 CIP 数据核字(2019)第 134562 号

金盾出版社出版、总发行

北京市太平路 5 号(地铁万寿路站往南)

邮政编码：100036 电话：68214039 83219215

传真：68276683 网址：www.jdcbs.mil.cn

北京天宇星印刷厂印刷、装订

各地新华书店经销

开本：880×1230 1/32 印张：10.5 字数：273 千字

2022 年 1 月第 1 版第 1 次印刷

印数：1～1 000 册 定价：40.00 元

前　　言

改革开放以来，我国民航事业一直保持安全、稳定、健康的发展。2020 年，新冠肺炎疫情席卷全球，给民航业造成巨大冲击，中国民航在“保安全运行，保应急运输，保风险可控，保精细施策”工作要求下，在全球率先触底反弹，国内运输市场成为全球恢复最快的航空市场。2020 年中国民航全行业完成运输总周转量、旅客周转量、货邮运输量分别达 798.51 亿吨公里、6311.28 亿人公里、676.61 万吨[1]。在保障民航运输量的同时，安全管理工作带来的压力也是不言而喻的。民航局党组带领全行业坚持新发展理念，坚持稳中求进总基调。截至 2020 年底，中国民航运输航空连续安全飞行“120＋4”个月、8943 万小时，创造安全飞行新纪录，并实现 18 年空防安全零责任事故纪录。

近年来，民航局党组切实贯彻落实习近平总书记“要坚持安全底线，对安全隐患零容忍”的重要批示精神，要求各公司重点关注关键岗位安全技术人员，加强理论培训与实操训练。因此，对民航安全管理专业人才的培养也提出了更高的要求。然而先进的安全管理和技术多为外文资料，民航安全术语则是快速、准确地掌握这些管理方法和技术手段的必要条件，但是新中国民航成立 60 多年来，没有出版过一本比较全面和比较权威的安全专业词汇（民航安全术语）书籍，缺乏自上而下的民航安全术语的规范化和标准化。因此，为适应我国民航事业的快速发展与成长趋势，民航安全术语汇编工作显得十分迫切而且必要。

本书是在中国民用航空局安全能力建设项目《民航安全术语标准化研究》项目研究成果的基础上，历经四年时间查阅了大量相关文献资料（包含所有中国民航安全相关法律、法规、规章、标准等)，并经过专家评审及多次修订完成的。全书收录民航安全术语九百余条，涵盖了民航安全管理的五个方面(安全监察、安全信息、事故调查、应急管理、综合安全管理)和民航安全基础专业的七个方面(飞行标准、机场运行管理、空中交通管理、适航审定及维修、航空安保、航空运输及其他)。本书在组织编写过程中，重点体现了以下几个方面的特色：

1)突出民航安全专业特色，紧贴实际。在我国术语标准化相关工作的基础上，结合民航安全专业特点和术语使用现状，提出了民航安全术语标准化的工作思路，为我国民航安全管理制度建设、实施落地及教育培训的规范化、科学化和标准化管理等方面提供了基础性支持。

2)分类检索方便、实用。在充分调研和专家研讨的基础上，制订了民航安全术语库的编号规则，实现了术语检索、分类查询的实际需求，对于民航安全术语教学和安全管理实际工作具有一定的实用价值。

3)紧跟现行规章规定。确定了民航安全术语的分类，主要分为民航安全管理术语和民航安全基础术语；数据库来源范围确定为法定术语，包括现行国际公约及其附件、国内法律、法规、规章、标准及规范性文件中采用的术语，具有法律依据。

本书由姜兰、杨志东、孙佳协力完成。姜兰负责全书策划、分类整理及校对内容，杨志东负责术语编号规则制定工作及全书审定工作，孙佳负责数据库设计。另外，刘磊、倪海云、张向晖、谢敬、张俊鹏、郭晶、曹君、荣猛、陈丽茜等人参与了术语录入工作。

北京科技大学教授蒋仲安、中国民航大学教授高扬、国际民航组织空中航行委员会中国代表梁均荣、民航局航空安全办公室副主任李勇、安全信息处调研员刘洪波、安全监察处副处长马骏、民航内蒙古监管局副局长赵龙辉、民航西南局办公室主任曾繁舸、博维公司总经理李义勇、广州白云国际机场总经理助理、安全总监杨磊、安监部副部长龚华、华北空管局副局长江艳军、南航北京分公司安监部总经理余金辉、首都国际机场股份有限公司副总经理王蔚玉及运行管理部副总经理侯特、国航安保部副总经理祝贺、东方航空安全监察部经理倪峰、中国标准化研究院标准化战略与公共安全标准化研究所副研究员秦挺鑫、北京市安全生产科学技术研究院高级工程师李莉莉，在全书编写过程中提出了很多宝贵的修改意见，在此表示衷心的感谢。

本书的编写出版对为民航安全监督管理部门和相关从业人员从事安全管理、科研、教育培训工作提供支持，并为提高民航安全管理及民航专业教学水平做出了有益的探索。

虽然编者在编纂过程中反复审校，可能仍有疏漏之处，敬请读者不吝指正，作者联系邮箱 jianglan@camic. cn。

编　者

2021 年 05 月 11 日

使用说明

一、意义

随着我国民航的持续快速发展，国家、社会公众对航空安全的期望越来越高。任何一次航空事故都会让怀揣从民航大国走向民航强国梦想的中国民航人暂时停下了前进的脚步，社会的关注与热议、公众的质询与期待，把民航安全工作再一次推到风口浪尖上。在民航安全管理工作日渐深入、安全记录屡创新高、航空安全指标一度赶超西方发达国家水平的情形下，如何进一步提高我国民航安全管理水平成为全行业的工作重点。学习和借鉴国外的先进安全技术与管理手段，已经成为实现民航强国的重要举措，然而先进的安全管理和技术多为外文资料，民航安全术语则是快速、准确地掌握、理解这些管理方法和技术的必要条件，也是掌握国外先进的安全管理理念的前提条件。同时，随着民航科技的迅速发展，与民航安全相关的新知识、新名词日新月异，这就要求民航安全术语的发展要能够跟得上时代的脚步。

民航安全术语是整个航空学科术语的一部分，许多术语已包含在航空术语中，但是也有相当一部分是民用航空安全领域所专有的。民用航空安全术语的审定涉及的学科非常广泛，除航空学科和飞行技术以外还有民航运输管理，空中交通管理与管制、适航管理、飞行安全与保安、民航机场及地面设施、航空器材和物业油料储运、航空电气与自动化、航空电子与机载设备、航空通信、导航、雷达、航空气象、航空医学、航空法规、航空信息与计算机应用等，涉及跨行业的多种学科。民航安全术语属科学语篇的固定词汇，只有语内信息（语义内容），较少有语外的其他与语境相关的游离信息，没有普通词汇中那些礼貌、客套、褒贬、避讳、幽默、文字游戏、故弄玄虚等语用特色。民航安全术语的语义信息呈透明的显性，注重明确的单义性和单名性，在认知环境上较小地依赖发话/受听者之间的合作理解。它不是隐性信息，不需提高语境空间的回旋余地和注重不同语境下的语用效果，不存在多义词的自由选择、任意发挥和异想天开的联想，所以依赖发话/受听者诸方的心理因素较少。民航安全的术语除了少数个体专名较多地采用任意性原则的命名法约定外，一般通名多数采用在学科范围内有根据地约定和经历俗成的原则，所以术语相比文学语篇和普通词汇容易规范。但是新中国民航成立 60 多年来，没有出版过一本比较全面和比较权威的安全专用词汇（民航安全术语）典籍，缺乏自上而下的民航安全术语的规范化和标准化，这和民航事业的发展与成长极不相称。虽有民航各部门各分支机构对自身名词陆续编审并印刷了很多小册子供内部发行，但这种分散的工作在编审上缺乏整体协调与统一，这就要求中国民航拥有权威性的民航安全术语典籍，这样才能使全国科技名词委的择词采纳有所依据，才能使不同地区编审对照本有所依据，使不同国家的等价术语在语码转换时有所依据[2,3]。民航安全术语审定工作中的任务既包括各相邻学科（航海、航天、大气、通信、计算机等）之间的外部协调，也包括内部行业（设计制造、测试试飞、民航、军航、国家空中管制办等）之间的内部协调，以便保持民航学科在整体科学技术中的系统性，和内部分叉行业之间的平衡和针对性。

同是 2000 年前后出版的五本航空术语典籍，都比较全面并带有定义释义或引文[4-8]研究，但因其并非专门针对民航安全专业，且出版年份至少为十五年前，不能与时俱进地反映与国际民航日新月异的实际运行情况及法律法规规章的最新规定。对比研究后发现，民航安全专用词汇存在着三大缺陷：一是同义异名现象较多，未经整理和统一；二是民航安全术语散乱并缺乏系统性；三是涵盖面有限，某些外文资料里的民航安全术语找不到对应翻译，无法和国际接轨。查阅术语在线 http://www.termonline.cn 下的“航空科学技术/航空安全、生命保障系统与航空医学”相关术语只收录了 213 个，且绝大部分均为航空医学相关术语。现况反映了航空术语中单名性的缺失和民航术语规范工作的缺失，说明航空学科下属分支行业间协调工作的不足和不相称。

因此，为适应我国民航事业的快速发展与成长趋势，民航安全术语汇编工作显得十分迫切而且必要。

二、民航安全术语分类

通过对民航局、地区管理局、监管局、航空公司、机场、空管等各单位的调研反馈，将民航安全术语分为两大类：民航安全管理术语和民航安全基础术语，如图1所示。

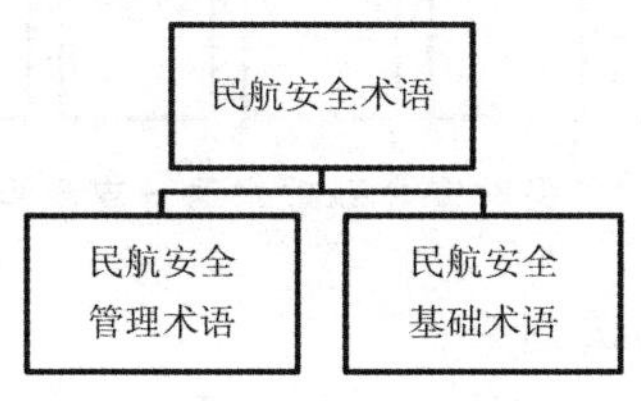

图1 民航安全术语分类

(一)民航安全管理术语

民航安全管理术语指的是与中国民用航空的安全监督管理工作直接相关的术语，主要包含五个分支：安全监察、安全信息、事故调查、应急管理和综合安全管理，如图2所示。

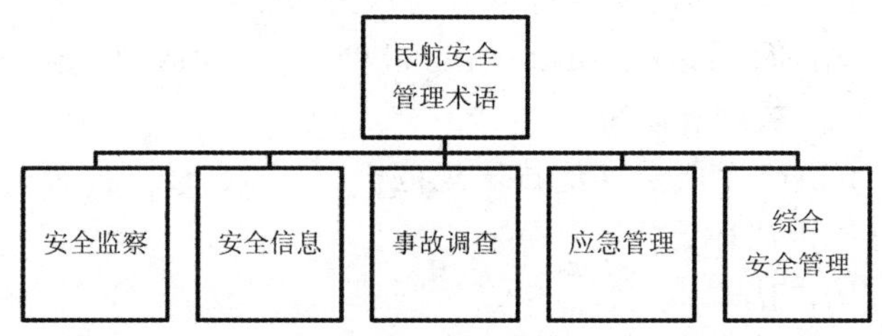

图2 民航安全管理术语分支示意图

(二)民航安全基础术语

民航安全基础术语指的是民航安全基础术语中涉及的其他民航专业术语，包含七个分支：飞行标准(含航务、航卫、飞培)、适航审定及维修、机场运行管理、空中交通管理、航空安保、航空运输(含危险品)和其他,如图 3 所示。

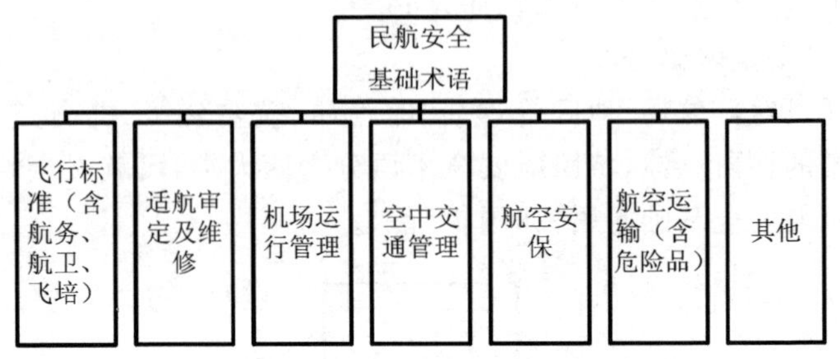

图 3　民航安全基础术语分支示意图

三、民航安全术语的选词来源

一般来说,术语主要分为学术术语和法定术语。其中,学术术语主要用于学术研究,各专家学者意见不一,而法定术语是现行国际公约及其附件、国内法律、法规、规章、标准及规范性文件中采用的术语,占民航安全术语的大部分,并广泛应用于民航的实际运行一线及局方监察和科研工作中。因此,本书收集的术语仅考虑法定术语。

民航安全术语的来源可以分为六大部分:

(1)国际民航组织(International Civil Aviation Organization,简称 ICAO)公约和附件;

(2)ICAO 手册及其他技术规范;

(3)国内法律;

(4)国内法规;

(5)民航规章及规范性文件;

(6)国家标准及行业标准。

四、民航安全术语的检索方式

为了方便检索、分类和管理,对每一个术语进行编号(共八位数字),并制定民航安全术语库的编号规则,如图 4 所示。

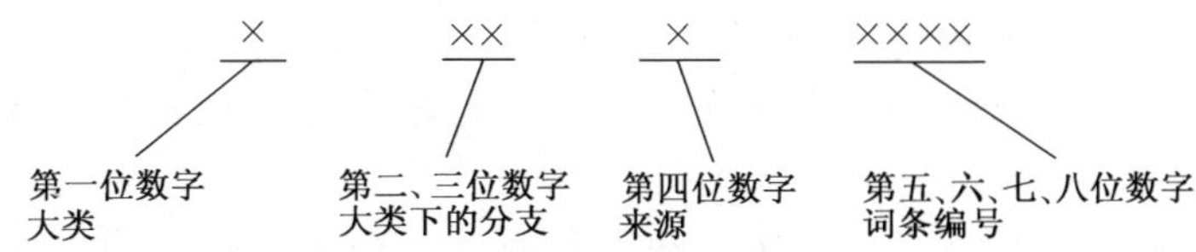

图 4　民航安全术语库编号规则示意图

(1)第一位数字——表示民航安全术语大类。

其中,民航安全管理术语为 1,民航安全基础术语为 2。

(2)第二位和第三位数字——表示各大类下的分支,分支的具体编号如下。

①民航安全管理术语。

a. 与“安全监察”相关的安全管理术语编号为 01。

术语来源如:《中国民航航空安全方案》(CCAR398)、《中国民用航空监察员管理规定》(CCAR-18-R3)等。

b. 与“安全信息”相关的安全管理术语编号为 02。

术语来源:《民用航空安全信息管理规定》(CCAR-396R3)。

c. 与“事故调查”相关的安全管理术语编号为 03。

术语来源如:《中华人民共和国搜寻救援民用航空器规定》《生产安全事故报告和调查处理条例》《民用航空器事件调查规定》(CCAR-395-R2)、《民用航空器征候等级划分办法》等。

d. 与“应急管理”相关的安全管理术语编号为 04。

术语来源如:《中华人民共和国突发事件应对法》《中国民用航空应急管理规定》(CCAR-397)、《民用航空器飞行事故应急反应和家属援助规定》(CCAR-399)、《民用运输机场突发事件应急救援管理规则》(CCAR-139-II)。

e. 与“综合安全管理”相关的安全管理术语编号为 05。

术语来源如:《中华人民共和国民用航空法》、国际民航组织公约附件 19《安全管理》、国际民航组织 Doc9859《安全管理手册》等。

②民航安全基础术语。

a. 与“飞行标准(含航务、航卫、飞行培训等)”相关的术语编号为01。

术语来源如:《一般运行和飞行规则》(CCAR-91-R2)、《大型飞机公共航空运输承运人运行合格审定规则》(CCAR-121)、《外国公共航空运输承运人运行合格审定规则》(CCAR-129)、《小型航空器商业运输运营人运行合格审定规则》(CCAR-135)、《飞行训练中心合格审定规则》(CCAR-142)、《民用航空器驾驶员学校合格审定规则》(CCAR-141)、《飞行模拟设备的鉴定和使用规则》(CCAR-60)、《民用航空器驾驶员、飞行教员和地面教员合格审定规则》(CCAR-61)、《中华人民共和国飞行基本规则》《中华人民共和国飞行标准条例》、航卫《最新人体损伤鉴定标准》。

b. 与“机场运行管理”相关的术语编号为02。

术语来源如:《民用机场使用许可规定》(CCAR 139CA-R2)、《民用机场运行安全管理规定》(CCAR-140)、《民用机场航空器活动区道路交通安全管理规则》(CCAR-331SB)及《民航机场管理条例》等。

c. 与“空中交通管理”相关的术语编号为03。

术语来源如:《民用航空使用空域办法》(CCAR-71TM)、《民用航空空中交通管理运行单位安全管理规则》(CCAR-83)、《民用航空导航设备开放与运行管理规定》(CCAR-85)、《民用航空空中交通通信导航监视设备使用许可管理办法》(CCAR-87)、《民用航空空中交通管理规则》(CCAR-93)、《民用航空情报工作规则》(CCAR-175TM)等。

d. 与“适航审定与维修”相关的术语编号为04。

术语来源如:《中华人民共和国航空器适航条例》《维修和改装一般规则》(CCAR-43)、《民用航空器国籍登记规定》(CCAR-45)、《民用航空器维修单位合格审定规定》(CCAR-145-R3)、《民用航空器维修人员执照管理规则》(CCAR-66-R1)、《民用航空器维修培训机构合格审定规定》(CCAR-147)、《民用航空产品和零部件合格审定规定》(CCAR-21)、《正常类、实用类、特技类和通勤类飞机适航规定》(CCAR-23)、《运输类飞机适航标准》(CCAR-25)、《正常类旋翼航空器适航规定》(CCAR-27)、《运输类旋翼航空器适航规定》(CCAR-29)、《航空器型号和适航合格审定噪声规定》(CCAR-36)、《民用机场和民用航空器内禁止吸烟的规定》(CCAR-252FS)。

e. 与"航空安保"相关的术语编号为 05,如《民用航空运输机场航空安全保卫规则》(CCAR-329)、《公共航空旅客运输飞行中安全保卫工作规则》(CCAR-332-R1)、《民用航空安全检查规则》(CCAR-339-R1)、《公共航空运输企业航空安全保卫规则》(CCAR-343)。

f. 与"航空运输(危险品)"相关的术语编号为 06,如 CCAR-271TR-R1、CCAR-271TR-R2、CCAR-272TR-R1、CCAR-274、CCAR-275TR-R1、CCAR-276-R1、CCAR-277TR-R1、CCAR-285、CCAR-287、CCAR-289TR-R1、CCAR-290、CCAR-300。

g. 其他与安全管理相关的专业术语编号为 07,如《中华人民共和国民用航空法》、CCAR-63、CCAR-65、CCAR-66、CCAR-67、CCAR-91、CCAR-117、CCAR-343、CCAR-329、CCAR-276、CCAR-252FS、《中华人民共和国航空安全保卫条例》。

(3)第四位数字——表示该术语的来源。

①来源为 ICAO 公约和附件,编号为 1;

②来源为 ICAO 手册及技术规范,编号为 2;

③来源为国内法律,编号为 3;

④来源为国内法规,编号为 4;

⑤来源为国内规章和规范性文件(AC、手册等),编号为 5;

⑥来源为国家及行业标准,编号为 6。

(4)第五、六、七、八位数字——顺序编号以便查询归类。

五、民航安全术语库的用户

民航安全术语库的用户包括民航局方安全监察员、企业安全管理人员、科研院所的研究人员、高校教师和学生及其他民航安全学习者，如图 5 所示。

同时，用户当中还有民航安全相关规章的立法者和推动规章标准改革人员，民航安全术语库建立后，立法者应当参考和适用术语库中所列的规范的法律术语；执法者和安全管理人员从事监管和一线运行活动时，撰写相关文件也应当使用规范术语；科研院所的研究人员及高校教师在从事科研和教学工作时，也应当明确定义，准确使用术语。只有这样，才能实现建立民航安全术语库的目的，从而有利于实现术语统一化和规范化。

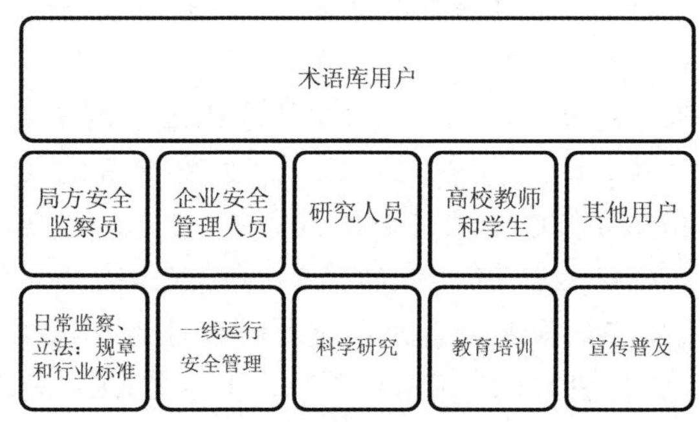

图 5　民航安全术语库的用户示意图

目　　录

A

A 类性能旋翼机 对于运输类旋翼机，是指发动机和系统按照 CCAR-29 部的规定具有隔离设计特性的多发旋翼机，并且可以在关键发动机失效的情况下进行预订的起飞和着陆运行，即如果发动机失效发生，可以确保足够的指定高度范围和足够的性能来继续安全飞行。

【来源】 一般运行和飞行规则(CCAR-91-R2)

【分类号】 20150031

安全 将与航空器运行相关或直接支持航空器运行的航空活动的相关风险减少并控制在 个可接受水平的状态。

【词条英文】 Safety

【英文释义】 The state in which risks associated with aviation activities, related to, or in direct support of the operation of aircraft, are reduced and controlled to an acceptable level.

【来源】 国际民用航空组织《安全管理》(附件 19)

【分类号】 10520028

安全促进 是指中国民用航空局用于确保安全培训、安全信息交流和发布得以实施的各项举措。

安全促进不仅在中国民用航空局及其所属的政府机构内部进行，还在其监管的民航生产经营单位之间实施，籍以促进中国民用航空局和民航生产经营单位形成积极的安全文化氛围。中国民用航空局注重政府和民航生产经营单位的员工培训，采取多种措施加强内部及外部的安全信息交流。

【来源】 《中国民航航空安全方案》(CCAR398)

【分类号】 10120020

安全风险　危害的后果或结果的预测可能性和严重性。

【词条英文】 Safety risk

【英文释义】 The predicted probability and severity of the consequences or outcomes of a hazard.

【来源】 国际民用航空组织《安全管理手册》Doc9859

【分类号】 10520001

安全管理体系　❶管理安全的系统做法，包括必要的组织结构、问责制、政策和程序。

【词条英文】 Safety management system

【英文释义】 A systematic approach to managing safety, including the necessary organizational structures, accountabilities, policies and procedures.

【来源】 国际民用航空组织《安全管理手册》Doc9859、《中国民航航空安全方案》(CCAR398)、《大型飞机公共航空运输承运人运行合格审定规则》(CCAR-121-R5)(交通运输部 2017 年第 29 号)

【分类号】 10520002

❷有组织的管理安全的方法，包括必要的组织机构、问责办法、政策和程序。

【词条英文】 Safety management system

【来源】 《国际民航组织技术文件有关名词解释》(MD-AS-2007-01)

【分类号】 10520003

安全绩效　由其安全绩效目标和安全绩效指标界定的国家或服务提供者的安全业绩。

【词条英文】 Safety performance

【英文释义】 A State's or service provider's safety achievement as defined by its safety performance targets and safety performance indicators.

【来源】 国际民用航空组织《安全管理手册》Doc9859

【分类号】 10520004

安全绩效目标 安全绩效指标在一特定时期的计划或预期目标。

【词条英文】 Safety performance target

【英文释义】 The planned or intended objective for safety performance indicator(s) over a given period.

【来源】 国际民用航空组织《安全管理》(附件 19)

【分类号】 10520029

安全绩效指标 用于监测和评估安全绩效的以数据为基础的安全参数。

【词条英文】 Safety performance indicator

【英文释义】 A data-based safety parameter used for monitoring and assessing safety performance.

【来源】 国际民用航空组织《安全管理手册》Doc9859

【分类号】 10520005

安全监察信息 是指地区管理局和监管局各职能部门组织实施的监督检查和其他行政执法工作信息。

【词条英文】

【来源】 《民用航空器安全信息管理规定》(CCAR-396-R3)

【分类号】 10250004

A

安全目标 对有待国家安全方案或服务提供者的安全管理体系实现的安全业绩或预期成果的简要、高级别说明。

【注】 安全目标是根据组织机构的最高安全风险制定的，并应在随后制定的安全绩效指标和目标时予以考虑。

【词条英文】 Safety objective

【英文释义】 A brief, high-level statement of safety achievement or desired outcome to be accomplished by the State safety programme or service provider's safety management system. Note. —Safety objectives are developed from the organization's top safety risks and should be taken into consideration during subsequent development of safety performance indicators and targets.

【来源】 国际民用航空组织《安全管理手册》Doc9859

【分类号】 10520020

安全数据 从各种航空相关来源收集的一组确定的事实或安全值，用于保持或提高安全性。

【注】 这些安全数据是从主动或被动安全相关活动中收集的，包括但不限于：

(1)事故或征候调查；
(2)安全报告；
(3)持续适航报告；
(4)运行绩效监控；
(5)检查、审计、调查；或
(6)安全研究与审查。

【词条英文】 Safety data

【英文释义】 A defined set of facts or set of safety values collected from various aviation-related sources, which is used to maintain or improve safety.

Note. — Such safety data is collected from proactive or reactive safety-related activities, including but not limited to:

(1) accident or incident investigations;

(2) safety reporting;

(3) continuing airworthiness reporting;

(4) operational performance monitoring;

(5) inspections, audits, surveys; or

(6) safety studies and reviews.

【来源】 国际民用航空组织《安全管理手册》Doc9859

【分类号】 10520021

安全信息 在一个给定的情况下处理、组织或分析安全数据，以使其用于安全管理目的。

【英文释义】 Safety data processed, organized or analysed in a given context so as to make it useful for safety management purposes.

【来源】 国际民用航空组织《安全管理手册》Doc9859

【分类号】 10520022

安全系数 为使载荷大于假定载荷及考虑到设计和制造的不确定性而使用的设计系数。

【词条英文】 Factor of safety

【来源】 《国际民航组织技术文件有关名词解释》(MD-AS-2007-01)

【分类号】 10520006

安全隐患 风险管理过程中出现的缺失、漏洞和风险控制措施失效的环节，包括可能导致不安全事件发生的物的危险状态、人的不安全行为和管理上的缺陷。

【来源】《民航安全隐患排查治理长效机制建设指南》(民航规〔2019〕11号)

【分类号】 10150002

安全政策 中国民用航空局制定并发布行业安全管理政策,确保其与民航安全活动相适应。行业安全管理政策包括以下几条。

(1) 持续改进安全体系,实施安全风险管理。逐渐从规章符合性的安全监管向规章符合性基础上的安全绩效管理转变。

(2) 持续提高航空安全水平,为行业可接受的安全绩效水平的制定和评审提供指导,制定和评估 SSP 的实施绩效。

(3) 为安全监管配置充足的资源并开展监管绩效考核,确保有效履行安全监管职责。

(4) 鼓励民航生产经营单位加大安全投入,提高安全保障能力。

(5) 明确实行安全信息保护,鼓励安全信息报告,促进行业安全信息共享。

(6) 在航空业推广和培训安全管理理念和原则。

(7) 完善安全考核、安全检查等监察方法和标准,监督民航生产经营单位安全管理体系(SMS)的实施。

(8) 鼓励推行积极的行业安全文化。

(9) 推进行业安全生产诚信体系建设。

【词条英文】 Factor of safety

【来源】《中国民航航空安全方案》(CCAR398)

【分类号】 10120010

安全工作作风/安全作风 是指民航安全从业人员在

安全生产运行中表现出的稳定的态度和行为，特别是对指导和规定安全生产运行工作的各种行为规范的心理认同和外在反应，主要包括两个层面：一是精神层面，包含思想观念、思维方式、情感态度、自我认知、道德素养等；二是行为层面，包含对工作的计划、执行、评估、反馈、完善等。

【来源】《民航安全从业人员工作作风长效机制建设指南》(民航规〔2021〕23 号)

【分类号】 10250012

B

B 类性能旋翼机 对于运输类旋翼机，是指不完全符合 A 类标准的单发或者多发旋翼机。如果发动机失效发生，B 类旋翼机不能确保保持高度的能力，并且应当采取非预订的着陆。

【来源】 一般运行和飞行规则(CCAR-91-R2)

【分类号】 20150033

包装件 是指包装作业的完整产品，包括包装物和准备运输的内装物。

【来源】《民用航空危险品运输管理规定》(CCAR-276-R1)

【分类号】 20650011

包装物 是指具有容纳作用的容器和任何其他部件或者材料。

【来源】《民用航空危险品运输管理规定》(CCAR-276-R1)

【分类号】 20650014

保持时间 ❶防冰液(处理液)在被保护(经处理)的飞机表面防止结冰、结霜和积雪的预计时间。

【词条英文】 Holdover time

【英文释义】 The estimated time the anti-icing fluid (treatment) will prevent the formation of ice and frost and the accumulation of snow on the protected (treated) surfaces of an aeroplane.

【来源】 国际民航组织公约附件 14《机场》

【分类号】 20210001

❷除冰液处理后受保护的(已处理的)飞机表面上预计不致形成冰、霜或积雪的时间。

【词条英文】 Holdover time

【来源】 《民用机场飞行区技术标准》(MH5001-2021)

【分类号】 20260005

保留故障 航空器在飞行后和/或维修检查中发现的故障、缺陷,因工具设备、器材短缺或停场时间不足等原因,不能在起飞前排除的故障项目,而该故障在一定飞行条件和时间内不会影响到航空器的适航性。

【词条英文】 Deferred Defect

【来源】 《维修工程管理手册》HO-4205-13 保留故障和缺陷

【分类号】 20450001

报告点 航空器作位置报告所依据的规定的地理位置。报告点分为强制报告点和要求报告点两类。

【词条英文】 Reporting point

【来源】 民用航空使用空域办法(CCAR-71)

【分类号】 20350054

备降机场 ❶当飞机不能或不宜飞往预定着陆机场或在该机

场着陆时时，可以飞往的另一具备必要的服务与设施、可满足飞机性能要求以及在预期使用时间可以运行的机场。备降机场包括起飞备降机场、航路备降机场和目的地备降机场。起飞机场也可作为该次飞行的航路或目的地备降机场。起飞备降机场：是指当飞机在起飞后较短时间内需要着陆而又不能使用原起飞机场时，能够进行着陆的备降机场。

【词条英文】 Alternate Aerodrome

【来源】 《大型飞机公共航空运输承运人运行合格审定规则》(CCAR-121-R5)（交通运输部 2017 年第 29 号）

【分类号】 20150055

❷当航空器不能或者不宜飞往预定着陆机场或者在该机场着陆时可以飞往的另一个机场。备降机场包括起飞备降机场、航路备降机场和目的地备降机场。

【词条英文】 Alternate Aerodrome

【来源】 小型航空器商业运输运营人运行合格审定规则（CCAR-135）、国际民航组织《空中交通服务程序-空中交通管理》Doc4444

【分类号】 20150154

被动测量 对危害和风险的预防与控制措施、职业安全健康管理体系中的不足，如伤亡、疾病和事件等进行检查、识别的过程。

【词条英文】 Reactive monitoring

【来源】 《职业健康安全管理体系 要求》(GBT 28001—2011)

【分类号】 10560018

被授权人员 由民航局局长（DGCA）或执政的国家元首书面授权，根据发生表述的规定行事的人员。

【词条英文】 Authorized person

B

【来源】《国际民航组织技术文件有关名词解释》(MD-AS-2007-01)
【分类号】 20720003

必检项目 在维修工作中,如果某项工作实施不正确或使用了不适当的零部件和材料,则可能会造成工作失效、机械故障或危及飞行安全,这些项目必须由授权的人员实施检查。
【词条英文】 Inspection Item
【来源】《民用航空器维修许可审定的规定》(CCAR-145)
【分类号】 20450007

标高 从平均海平面至地球表面或者依附于地球表面的一个点或者一个平面测得的垂直距离。
【词条英文】 Elevation
【来源】 民用航空使用空域办法(CCAR-71)
【分类号】 20350012

标记牌 (1)不变内容标记牌:仅提供一种指令或信息的标记牌;

(2)可变内容标记牌:能按需要提供几种预先确定的指令或信息或不提供任何指令信息的标记牌。
【词条英文】 Sign
【来源】《民用机场飞行区技术标准》(MH5001-2021)
【分类号】 20260070

标志 一个或一组在活动区地面上显示的用以传递航行信息的符号。
【注】 本术语"标志"特指服务于航空器运行的符号,不包括服务于车辆运行的符号。

【来源】《民用机场飞行区技术标准》(MH5001-2021)
【分类号】 20260040

标志物 展示在地面上用以标明一个障碍物或勾划某个边界的物体。
【来源】《民用机场飞行区技术标准》(MH5001-2021)
【分类号】 20260041

标准大气压 在标准大气条件下海平面的气压,其值为1013.2百帕。
【词条英文】 Standard atmosphere pressure
【来源】 民用航空使用空域办法(CCAR-71)
【分类号】 20350066

标准仪表进场 一种标准的按照仪表飞行规则划设的进场航线,为从航路或者航线至终端区内一个定位点或者航路点之间的飞行提供过渡。
【词条英文】 Standard instrument arrival,缩写为 STAR
【来源】 民用航空使用空域办法(CCAR-71)
【分类号】 20350068

标准仪表离场 ❶一种标准的按照仪表飞行规则划设的离场航线,为终端区至航路或者航线之间的飞行提供过渡。
【词条英文】 Standard instrument departure,缩写为 SID
【来源】 民用航空使用空域办法(CCAR-71)
【分类号】 20350070

❷向仪表飞行规则飞行的航空器提供的、由终端至相关航路结构

过渡的预先规划好的离场程序。

【词条英文】 Stansard instrument departure

【来源】《中国民用航空空中交通管理规则》(CCAR-93-R5)(交通运输部 2017 年第 30 号)

【分类号】 20350243

标准终端进场航线 向仪表飞行规则飞行的航空器提供的、由航路至实施进近的点或定位点过渡的预先规划好的进场航线。

【词条英文】 Standard terminal arrival route

【来源】《中国民用航空空中交通管理规则》(CCAR-93-R5)(交通运输部 2017 年第 30 号)

【分类号】 20350244

不定期公共航空运输 除定期公共航空运输以外的公共航空运输。

【来源】 外国公共航空运输承运人运行合格审定规则(CCAR-129)

【分类号】 20150136

不符合 未满足要求。

【词条英文】 Nonconformity

【来源】《职业健康安全管理体系 要求及使用指南》

【分类号】 10560051

部分产权项目 是航空器代管人管理航空器的一种组织方式,必须满足以下所有条件:

(1) 代管航空器由一个或一个以上部分产权所有权人拥有,并且至少有一架航空器由不止一个所有权人拥有;

(2) 每个所有权人在一架或一架以上代管航空器上拥有至少一个最低部分产权份额；

(3) 所有代管服务仅由一个航空器代管人提供；

(4) 在所有部分产权所有权人之间签有相互干租交换航空器的协议；

(5) 签订了多年有效的部分产权项目协议，包括部分财产所有权、部分产权项目的代管服务和代管航空器干租交换协议等方面的内容。

【来源】 一般运行和飞行规则(CCAR-91-R2)

【分类号】 20150017

C

参与 参与决策。

【注】 参与包括使健康安全委员会和工作人员代表(若有)加入。

【词条英文】 Participation

【来源】 《职业健康安全管理体系 要求及使用指南》(GB/T 45001-2020/ISO 45001：2018)

【分类号】 10560028

测距仪定位点 由能提供距离和方位的导航设施所确定的定位点。

【词条英文】 DME fix

【来源】 《中国民用航空空中交通管理规则》(CCAR-93-R5)(交通运输部 2017 年第 30 号)

【分类号】 20350181

测量 确定值的过程。

【词条英文】 Measurement

【来源】《职业健康安全管理体系 要求及使用指南》(GB/T 45001-2020/ISO 45001：2018)

【分类号】 10560048

测量系统 用于测量声压级的设备的组合，包括声音校准器、防风罩，传声器系统、信号记录和调节装置、三分之一倍频程分析系统。

【注】 实际安装可能包括多个传声器系统，其输出通过信号调节器由多通道记录/分析装置同时记录下来。

【来源】 航空器型号和适航合格审定噪声规定(CCAR-36-R1)

【分类号】 20450002

差错 ❶操作人员导致偏离相关组织机构或操作人员的意图或期待的作为或不作为。

【词条英文】 Errors

【英文释义】 An action or inaction by an operational person that leads to deviations from organizational or the operational person's intentions or expectations.

【来源】 国际民用航空组织《安全管理手册》Doc9859

【分类号】 10520011

❷非故意导致航空器及其部件发生偏差的个人或群体的行为。

【词条英文】 Errors

【来源】《中华人民共和国民用航空行业标准》(MH/T3010.18-2006)维修人为因素方案指南

【分类号】 20460007

差错管理 发现差错和对差错采取对策以减少或消除差错或

差错后果的过程。

【词条英文】 Error management

【英文释义】 The process of detecting and responding to errors with countermeasures that reduce or eliminate the errors or the consequence of errors.

【来源】 国际民航组织《飞行程序设计质量保证手册》Doc9906

【分类号】 10520001

差异训练

❶对于已在某一特定型别的飞机上经审定合格并服务过的机组成员和飞行签派员，当局方认为其使用的同型别飞机与原服务过的飞机在性能、设备或者操作程序等方面存在差异，需要进行补充性训练时应当完成的训练。

【来源】 《大型飞机公共航空运输承运人运行合格审定规则》(CCAR-121-R5)(交通运输部2017年第29号)

【分类号】 20150113

❷对于已在某一特定型别的航空器上经审定合格并服务过的机组成员，当局方认为其使用的同型别航空器与原航空器在性能、设备或者操作程序等方面存在差异，需要进行补充性训练时应当完成的训练。

【来源】 小型航空器商业运输运营人运行合格审定规则(CCAR-135)

【分类号】 20150148

产品审核

对每一生产线(如机体、发动机或仪表等)的产品抽样，抽样检查该产品所有相关程序和要求是否能确保最终产品满足适航要求的客观过程。

【词条英文】 Product Audit

【来源】《民用航空器维修单位合格审定规定》CCAR 145.26
【分类号】 20450005

场面气压 航空器着陆区域最高点的气压。
【词条英文】 QFE
【来源】《中国民用航空空中交通管理规则》(CCAR-93-R5)(交通运输部2017年第30号)
【分类号】 20350219

超视距运行 (Beyond VLOS)运行,无人机在目视视距以外的运行。在不使用摄像机、望远镜或其他视觉辅助可直观地观察到无人机,可以安全操纵,避免与其他航空器、地面上的人或财物碰撞的驾驶员与无人机飞行轨迹和位置的最远距离。其他视觉辅助指的并不是眼镜或用于矫正视力下降的隐形眼镜。
【词条英文】 Beyond VLOSBVLOS,缩写为 BVLOS
【来源】《特定类无人机试运行管理规程(暂行)》(AC-92-2019-08)
【分类号】 20750012

超越航空器 从一架航空器的后方与该航空器对称面小于70°夹角向其接近。
【词条英文】 Overtaking aircraft
【来源】《中国民用航空空中交通管理规则》(CCAR-93-R5)(交通运输部2017年第30号)
【分类号】 20350214

超障高度(OCA)/超障高(OCH) 为遵循适当的超障准则所确定的相关跑道入口标高或者机场标高之上的特定高度或者高。

【来源】 《大型飞机公共航空运输承运人运行合格审定规则》(CCAR-121-R5)(交通运输部 2017 年第 29 号)、小型航空器商业运输运营人运行合格审定规则(CCAR-135)

【分类号】 20150057

超障面 指以与水平面成 1∶20 的斜率从跑道向上倾斜,并与跑道周围规定区域内的所有障碍物相切或者越过其上的平面。

【来源】 《大型飞机公共航空运输承运人运行合格审定规则》(CCAR-121-R5)(交通运输部 2017 年第 29 号)

【分类号】 20150037

承包方 按照约定的规范、条款和条件向组织提供服务的外部组织。

【注】 服务可包括建筑活动等。

【词条英文】 Contractor

【来源】 《职业健康安全管理体系 要求及使用指南》(GB/T 45001-2020/ISO 45001∶2018)

【分类号】 10560031

承运人 ❶指包括填开客票的航空承运人和承运或约定承运该客票所列旅客及其行李的所有航空承运人。

【来源】 《中国民用航空总局关于修订〈中国民用航空旅客、行李国内运输规则〉的决定》(CCAR-271TR-R2)

【分类号】 20650017

❷指包括接受托运人填开的航空货运单或者保存货物记录的航空承运人和运送或者从事承运货物或者提供该运输的任何其他服务的所有航空承运人。

【来源】《中国民用航空货物国内运输规则》(CCAR-275TR-R1)
【分类号】 20650042

城市消防 使用民用直升机开展对城市高层建筑物的空中喷液灭火和人员救援等的飞行活动。
【来源】《通用航空经营许可管理规定》(CCAR-290)
【分类号】 20150005

乘机联 指客票中标明“适用于运输”的部分，表示该乘机联适用于指定的两个地点之间的运输。
【来源】《中国民用航空总局关于修订〈中国民用航空旅客、行李国内运输规则〉的决定》(CCAR-271TR-R2)
【分类号】 20650034

程序 为执行某活动或过程所规定的途径。
【注】 程序可以文件化或不文件化。
【词条英文】 Procedure
【来源】《职业健康安全管理体系 要求及使用指南》(GB/T 45001-2020/ISO 45001：2018)
【分类号】 10560045

程序转弯 在起始进近航迹和最后进近航迹的相反方向的一种机动飞行。飞行中先转弯脱离指定航迹后再作反向转弯，使航空器能够切入并沿指定航迹飞行。
【词条英文】 Procedure turn
【来源】《中国民用航空空中交通管理规则》(CCAR-93-R5)(交通运输部 2017 年第 30 号)
【分类号】 20350216

持续改进 提高绩效的循环活动。

【注 1】 提高绩效涉及使用职业健康安全管理体系，以实现与职业健康安全方针和职业健康安全目标相一致的整体职业健康安全绩效的改进。

【注 2】 持续并不意味着不间断，因此活动不必同时在所有领域发生。

【词条英文】 Continual improvement

【来源】 《职业健康安全管理体系 要求及使用指南》(GB/T 45001-2020/ISO 45001：2018)

【分类号】 10560005

持续适航 检定合格的飞机、发动机、装置等依其使用目的安全地运作；与其运行寿命期限内维持安全；航空产品符合其型号涉及规范；且符合安全运作的条件。

【词条英文】 Continued Airworthiness

【来源】 特别联邦航空法 SFAR 88

【分类号】 20420005

持续适航性 是指通过一套流程和方法，使得飞机、发动机、螺旋桨或零部件符合相应的适航要求，并在其工作期间或寿命内始终处于满足安全运行的状态的特性。

【来源】 《大型飞机公共航空运输承运人运行合格审定规则》(CCAR-121-R5)(交通运输部 2017 年第 29 号)

【分类号】 20150170

持证机场 机场经营人已获得机场许可证的机场。

【词条英文】 Certified aerodrome

【英文释义】 An aerodrome whose operator has been granted an

aerodrome certificate.

【来源】 国际民航组织公约附件 14《机场》

【分类号】 20210004

冲突等级 是指无人机在融合空域中与有人机发生冲突的概率的定性分类。冲突等级按照运行高度、是否机场环境、是否管控空域以及农村/城市上空等运行条件,划分为 12 类。冲突等级的评估依据包括接近率(空域中的航空器越多,接近率越高,碰撞的风险越大),空域条件(可以降低航空器处于碰撞航线的概率的空域结构)和无人机动力(航空器在空域中速度越快,发生碰撞的风险越高)。

【词条英文】 Airspace Encounter Category,缩写为 AEC

【来源】《特定类无人机试运行管理规程(暂行)》(AC-92-2019-20)

【分类号】 20750024

重复性飞行计划 由经营人提供。空中交通服务单位保存并重复使用的,基本特征相同的一系列重复的每个飞行定期运行飞行计划。

【词条英文】 Repetitive flight plan

【来源】《中国民用航空空中交通管理规则》(CCAR-93-R5)(交通运输部 2017 年第 30 号)

【分类号】 20350236

重新获得资格训练 ❶已在特定航空器型别和特定工作岗位上经审定合格,但因某种原因失去资格的机组成员和飞行签派员,为恢复这一资格所应当进行的训练。

【来源】《大型飞机公共航空运输承运人运行合格审定规则》

(CCAR-121-R5)(交通运输部2017年第29号)

【分类号】 20150121

❷已在特定航空器型别和特定工作岗位上经审定合格,但因某种原因失去资格的机组成员,为恢复这一资格所应当进行的训练。

【来源】《小型航空器商业运输运营人运行合格审定规则》(CCAR-135)

【分类号】 20150147

出事所在国 在其领土内发生事故或事故征候的国家。

【词条英文】 State of occurrence

【来源】《国际民航组织技术文件有关名词解释》(MD-AS-2007-01)

【分类号】 20720004

初级飞机 是指型号合格审定为超轻型飞机或甚轻型飞机的航空器,或由局方根据其仪表设备、飞机构形和性能确定的特定型号飞机,如蜜蜂3、蜜蜂4、AD100、AD200、海燕650等飞机。

【来源】《民用航空器驾驶员、飞行教员和地面教员合格审定规则》(CCAR-61R2)

【分类号】 20150192

初始报告 用以及时传播在调查初期所获资料的通信。

【词条英文】 Preliminary report

【来源】《国际民航组织技术文件有关名词解释》(MD-AS-2007-01)

【分类号】 20720005

C

初始批准的维修文件 由管理当局和制造厂提供约书面资料，主要包括 AD、MRBR、MPD、AMM、CMM、SRM、IPC、和 SB 或其他由制造厂家提供的或内部的信息源。

【词条英文】 Original Approved Maintenance Document

【来源】 航空人员的维修差错管理 AC-121-007

【分类号】 20450017

初始训练 ❶未曾在相同组类其他飞机的相同职位上经审定合格并服务过的机组成员和飞行签派员需要进行的改飞机型训练。

【来源】 《大型飞机公共航空运输承运人运行合格审定规则》(CCAR-121-R5)(交通运输部 2017 年第 29 号)

【分类号】 20150059

❷未曾在相同组类其他航空器的相同职务上经审定合格并服务过的机组成员需要进行的改飞机型训练。

【来源】 小型航空器商业运输运营人运行合格审定规则(CCAR-135)

【分类号】 20150143

除冰/防冰坪 由内外两个区域组成的一块场地，内区用于停放接受除冰/防冰处理的飞机，外区用于两部或多部移动式除冰/防冰设备的活动。

【词条英文】 De-icing/anti-icing pad

【英文释义】 An area comprising an inner area for the parking of an aeroplane to receive de-icing/anti-icing treatment and an outer area for the manoeuvring of two or more mobile de-icing/anti-icing equipment.

【来源】 国际民航组织公约附件 14《机场》

【分类号】 20210057

除冰/防冰设施 一种清除飞机上的霜、冰或雪（除冰）以使飞机表面洁净，和/或在有限时间内保护洁净的飞机表面不致结霜、结冰，和不致积聚雪或融雪的（防冰）设施。

【词条英文】 De-icing/anti-icing facility

【英文释义】 A facility where frost, ice or snow is removed (de-icing) from the aeroplane to provide clean surfaces, and/or where clean surfaces of the aeroplane receive protection (anti-icing) against the formation of frost or ice and accumulation of snow or slush for a limited period of time.

【来源】 《民用机场飞行区技术标准》(MH5001-2021)、国际民航组织公约附件 14《机场》

【分类号】 20260001

传声器系统 测量系统的组成部分，将输入的声压信号转换成电信号，一般包括传声器，前置放大器，延伸电缆和其他必要的装置。

【来源】 航空器型号和适航合格审定噪声规定(CCAR-36-R1)

【分类号】 20450003

传声器系统的自由场灵敏度 是指定频率的正弦平面声波，按规定的声入射角入射时，传声器系统输出的均方根电压与没有传声器时该位置的均方根声压的比值，以伏特/帕斯卡为单位。

【来源】 航空器型号和适航合格审定噪声规定(CCAR-36-R1)

【分类号】 20450009

D

传声器系统的自由场灵敏度级 是指 20 乘以以 10 为底的传声器系统自由场的灵敏度与 1 伏特/帕斯卡基准灵敏度比值的对数值，以 dB 为单位。

【注】 传声器系统的自由场灵敏度级可以这样确定，即从传声系统输出的电压级（dB，参考电压为 1V）中减去入射到传声器上的声压级（dB，参考声压为 20μPa），再加上 93.98dB。

【来源】 航空器型号和适航合格审定噪声规定（CCAR-36-R1）

【分类号】 20450011

磋商 两个或两个以上的人为某一特定问题举行的会议。

【来源】 国际民航组织《飞行程序设计质量保证手册》Doc9906

【分类号】 20120025

错乘 指旅客乘坐了不是客票上列明的航班。

【来源】 《中国民用航空总局关于修订〈中国民用航空旅客、行李国内运输规则〉的决定》（CCAR-271TR-R2）

【分类号】 20650037

D

大地基准 为确定当地参考系统相对于全球参考系统的位置和方位所需要的起算数据。

【词条英文】 Geodetic datum

【英文释义】 A minimum set of parameters required to define location and orientation of the local reference system with respect to the global reference system/frame.

【来源】 国际民航组织公约附件 14《机场》

【分类号】 20210006

大地水准面 地球重力场中与静止的平均海平面(MSL)相重合并连续向陆地延伸的等势面。

【词条英文】 Geoid

【英文释义】 The equipotential surface in the gravity field of the Earth which coincides with the undisturbed mean sea level (MSL) extended continuously through the continents.

【来源】 国际民航组织公约附件14《机场》

【分类号】 20210007

大地水准面高差 大地水准面高于(正)或低于(负)数学参考椭球面的距离。

【词条英文】 Geoid undulation

【英文释义】 The distance of the geoid above (positive) or below (negative) the mathematical reference ellipsoid.

【来源】 国际民航组织公约附件14《机场》

【分类号】 20210008

大型航空器 是指符合下述任一情况的航空器:

(1)最大起飞全重5 700千克以上的大型飞机;

(2)涡轮多发飞机;

(3)最大起飞全重3 180千克以上的大型旋翼机。

【来源】 一般运行和飞行规则(CCAR-91-R2)

【分类号】 20150013

代管服务 是指航空器代管人按照本规则中的适用要求向所有权人提供的管理及航空专业服务,该种服务工作至少包括航空器运行安全指导材料的建立和修订工作,以及针对以下各项所提供的服务:

(1) 代管航空器及机组人员的排班；

(2) 代管航空器的维修；

(3) 为所有权人或代管人所使用的机组人员提供训练；

(4) 建立和保持记录；

(5) 制定和使用运行手册和维修手册。

【来源】 一般运行和飞行规则(CCAR-91-R2)

【分类号】 20150027

代管航空器 是指参加完全产权或部分产权项目并在航空器代管人运行规范中列出的航空器。在完全产权项目中，所有权人对航空器拥有全部产权；在部分产权项目中，应当有部分产权所有权人对其拥有至少一个最低部分产权份额，并将之包括在该项目的航空器干租交换协议中。

【来源】 一般运行和飞行规则(CCAR-91-R2)

【分类号】 20150025

代理人 是指在航空货物运输中，经授权代表承运人的任何人。

【来源】《中国民用航空货物国内运输规则》(CCAR-275TR-R1)

【分类号】 20650043

单飞时间 是指学生驾驶员作为航空器唯一乘员的飞行时间。

【来源】《民用航空器驾驶员、飞行教员和地面教员合格审定规则》(CCAR-61R2)

【分类号】 20150116

单机档案 每一具体航空器从制造出厂直到退役时的一套完

整全面的技术履历,它侧重于归纳整理航空器在整个服役期间所有有意义的使用和维修方面的事实和事件,是核查所有法定技术文件在该航空器上执行情况的基本依据。

【词条英文】 Single Aircraft Achieves

【来源】 航空器维修记录和档案 AC-121-59

【分类号】 20450016

单项演练 由机场管理机构或参加应急救援的相关单位组织,参加应急救援的一个或几个单位参加,按照本单位所承担的应急救援责任,针对某一模拟的紧急情况进行的单项实战演练。

【来源】 《民用运输机场突发事件应急救援管理规则》

【分类号】 10450001

党政同责 指民航各单位党政领导班子共同对安全生产工作负有领导责任,民航各单位党政主要负责人同为安全生产工作的第一责任人,其班子成员按照职责分工分别承担相应的安全生产责任。

【来源】 《民航安全生产管理责任指导意见》(民航发[2015]133号)

【分类号】 10250018

道肩 与跑道、滑行道、机坪道面相接的经过整备作为道面与邻近部位之间过渡用的场地。

【词条英文】 Shoulder

【来源】 《民用机场飞行区技术标准》(MH5001-2021)

【分类号】 20260067

道路等待位置 指定的可能要求车辆在此等待的位置。

【来源】《民用机场飞行区技术标准》(MH5001-2021)
【分类号】 20260042

D

道面等级号 表示道面可供不受限制次数使用的承载强度的数字。
【词条英文】 Pavement classification number
【来源】《民用机场飞行区技术标准》(MH5001-2021)
【分类号】 20260006

道面活动 航空器在可用跑道上的任何活动。
【词条英文】 Runway Movement
【来源】 国际民用航空组织《空中交通管理》Doc4444
【分类号】 20350086

灯光系统的可靠性 指全部装置在规定的允许误差范围内运行,并且该系统维持在可用状态的或然率。
【词条英文】 Lighting system reliability
【来源】《国际民航组织技术文件有关名词解释》(MD-AS-2007-01)
【分类号】 20720006

登记国 登记航空器的国家。
【词条英文】 State of register
【来源】《国际民航组织技术文件有关名词解释》(MD-AS-2007-01)
【分类号】 20720007

等待 航空器在等待空中交通管制单位做进一步许可或者进近许可时，在指定空域内按一定程序所进行的预定的机动飞行。也可以用于地面活动阶段，航空器在等待空中交通管制进一步许可时，保持在指定区域或者指定地点。

【词条英文】 Holding

【来源】 《中国民用航空空中交通管理规则》(CCAR-93-R5)(交通运输部 2017 年第 30 号)、民用航空使用空域办法(CCAR-71)、《国际民航组织技术文件有关名词解释》(MD-AS-2007-01)

【分类号】 20350040

等待程序 当等待下一个放行许可时，使航空器保持在指定空域内的预定的机动飞行。

【词条英文】 Holding Procedure

【来源】 国际民用航空组织《空中交通管理》Doc4444

【分类号】 20350088

等待点 为使进行等待的航空器能在指定的空域内保持位置而规定的定位点。

【词条英文】 Holding fix

【来源】 《中国民用航空空中交通管理规则》(CCAR-93-R5)(交通运输部 2017 年第 30 号)

【分类号】 20350197

等待坪 ❶一块划定的供航空器等待或让路，以提高航空器地面活动效率的场地。

【词条英文】 Holding bay

【英文释义】 A defined area where aircraft can be held, or bypassed, to facilitate efficient surface movement of aircraft.

【来源】 国际民航组织公约附件 14《机场》
【分类号】 20210009

❷跑道端部附近，供飞机等待或避让的一块特定场地，用以提高飞机地面活动效率。
【词条英文】 Holding bay
【来源】 《民用机场飞行区技术标准》(MH5001-2021)
【分类号】 20260053

低空风切变

❶发生在 600 米高度以下的平均风矢量在空间两点之间的差值。
【词条英文】 Low level windshear
【来源】 《中国民用航空空中交通管理规则》(CCAR-93-R5)(交通运输部 2017 年第 30 号)
【分类号】 20350205

❷发生在 500 米高度以下的平均风矢量在空间两点之间的差值。
【词条英文】 Low level windshear
【来源】 《国际民航组织技术文件有关名词解释》(MD-AS-2007-01)
【分类号】 20320012

地空管制无线电台

主要任务是担任指定区域内关于航空器运行和管制的通信联络航空通信电台。
【词条英文】 Air-ground control radiostation
【来源】 《中国民用航空空中交通管理规则》(CCAR-93-R5)(交通运输部 2017 年第 30 号)
【分类号】 20350118

地空通信 航空器与地面或地面上某些点之间的电台双向通信。

【词条英文】 Air-Ground Communication

【来源】 《中国民用航空空中交通管理规则》(CCAR-93-R5)(交通运输部 2017 年第 30 号)

【分类号】 20350001

地面风险等级 是指在无人机失控情况下,可能对地面人员、地面设施或目标带来严重伤害甚至人员伤亡的风险等级。

【词条英文】 Ground Risk Class,缩写为 GRC。

【来源】 《特定类无人机试运行管理规程(暂行)》(AC-92-2019-18)

【分类号】 20750022

地面服务 是指飞机到达和离开机场时除空中交通服务以外的必要服务。

【来源】 《大型飞机公共航空运输承运人运行合格审定规则》(CCAR-121-R5)(交通运输部 2017 年第 29 号)

【分类号】 20150061

地面服务代理人 ❶是指经经营人授权,代表经营人从事各项航空运输地面服务的企业。

【来源】 《民用航空危险品运输管理规定》(CCAR-276-R1)

【分类号】 20650005

❷指从事民用航空运输地面服务代理业务的企业。

【来源】 《中国民用航空总局关于修订〈中国民用航空旅客、行李国内运输规则〉的决定》(CCAR-271TR-R2)

【分类号】 20650019

D

地面维修设备 在地面直接用于航空器维修与测试、校验的设备。

【词条英文】 Ground maintenance equipment

【来源】 《中华人民共和国民用航空行业标准》(MH/T3010.11-2006)民用航空器地面维修设备和工具

【分类号】 20460002

地区航行协议 通常根据地区航行会议的意见,经国际民航组织理事会批准的协议。

【词条英文】 Regional air navigation agreement

【来源】 《国际民航组织技术文件有关名词解释》(MD-AS-2007-01)

【分类号】 20320013

缔约承运人 是指以本人名义与旅客或者托运人,或者与旅客或者托运人的代理人,订立本章调整的航空运输合同的人。

【来源】 《中华人民共和国民用航空法》(2021 年 4 月 29 日第六次修正)

【分类号】 20730021

电力作业 使用民用航空器为电力建设、输电线路维护提供的飞行服务活动,包括输电线路基础施工、组装输电铁塔、施放导引绳、输电线路清洗、输电线路带电维修等项目。

【来源】 《通用航空经营许可管理规定》(CCAR-290)

【分类号】 20150007

电容放电灯 由高压电通过封闭在管内的气体放电而产生

瞬时高亮度闪光的灯。

【来源】《民用机场飞行区技术标准》(MH5001-2021)

【分类号】 20260044

定检 指根据适航性资料,在航空器或者航空器部件使用达到一定时限时进行的检查和修理。定期检修适用于机体和动力装置项目,不包括翻修。

【词条英文】 Periodic Inspection

【来源】 航空器机体项目维修类别限制 AC-145-12

【分类号】 20450014

定期复训 ❶是指已取得资格的机组成员和飞行签派员,为了保持其资格和技术熟练水平,在规定的期限内按照规定的内容进行的训练。

【来源】《大型飞机公共航空运输承运人运行合格审定规则》(CCAR-121-R5)(交通运输部 2017 年第 29 号)

【分类号】 20150063

❷是指已取得资格的机组成员,为了保持其资格和技术熟练水平,在规定的期限内按照规定的内容所进行的训练。

【来源】 小型航空器商业运输运营人运行合格审定规则(CCAR-135)

【分类号】 20150146

定期公共航空运输 按照承运人预先公布的起飞时间、起始地点和终止地点实施的公共航空运输。包括公布航班时刻表的定期航班运输,以及在定期航班运输的航线上临时增加的、预先确定起飞时间并告知旅客的加班运输。不包括承运人与客户协商确定上述时间和地点的公共航空运输包机飞行。

【来源】 外国公共航空运输承运人运行合格审定规则(CCAR-129)

【分类号】 20150135

D

定期客票 指列明航班、乘机日期和定妥座位的客票。

【来源】 《中国民用航空总局关于修订〈中国民用航空旅客、行李国内运输规则〉的决定》(CCAR-271TR-R2)

【分类号】 20650032

定期载客运行 是指航空承运人或者航空运营人以取酬或者出租为目的,通过本人或者其代理人以广告或者其他形式提前向公众公布的,包括起飞地点、起飞时间、到达地点和到达时间在内的任何载客运行。

【来源】 《大型飞机公共航空运输承运人运行合格审定规则》(CCAR-121-R5)(交通运输部 2017 年第 29 号)

【分类号】 20150103

定位点 用目视参考地面、无线电导航设施或其他方法所确定的地理位置。

【词条英文】 Fix

【来源】 《中国民用航空空中交通管理规则》(CCAR-93-R5)(交通运输部 2017 年第 30 号)

【分类号】 20350186

独立平行进近 ❶在平行或近似平行仪表跑道上,两条相邻跑道中心线延长线上航空器之间未配备最小雷达间隔的同时进近。

【词条英文】 Independent parallel approaches

【英文释义】 Simultaneous approaches to parallel or near-parallel instrument runways where radar separation minima between aircraft on adjacent extended runway centre lines are not prescribed.

【来源】 国际民航组织公约附件14《机场》

【分类号】 20210010

❷在两条相邻的平行或近似平行仪表跑道中心线延长线上航空器之间未配备最小雷达间隔的同时进近。

【词条英文】 Independent parallel approches

【来源】 《民用机场飞行区技术标准》(MH5001-2021)

【分类号】 20260007

D

独立平行离场

从平行或近似平行仪表跑道上进行的同时离场。

【词条英文】 Independent parallel departures

【英文释义】 Simultaneous departures from parallel or near-parallel instrument runways.

【来源】 国际民航组织公约附件14《机场》

【分类号】 20210011

短排灯

❶紧密地排在一条横线上的三个或三个以上的航空地面灯，使其从远处看来像一条短光线条。

【词条英文】 Barrette

【英文释义】 Three or more aeronautical ground lights closely spaced in a transverse line so that from a distance they appear as a short bar of light.

【来源】 国际民航组织公约附件14《机场》
【分类号】 20210012

❷3～5个紧密地排在一条横线上的航空地面灯，从远处看来像一条短光线条。
【词条英文】 Barrette
【来源】 《民用机场飞行区技术标准》(MH5001-2021)
【分类号】 20260002

E

遏制空域 是指在无人机可能失控或航路发生偏离既定航线时，为防止无人机进入相邻的、与有人机发生碰撞风险的空域，在无人机运行空域外围划设的隔离空域。
【词条英文】 Containment Area
【来源】 《特定类无人机试运行管理规程(暂行)》(AC-92-2019-17)
【分类号】 20750021

二次监视雷达 利用发射机/接收机和应答机的二次雷达系统。
【词条英文】 Secondary curveillance radar
【来源】 《中国民用航空空中交通管理规则》(CCAR-93-R5)(交通运输部2017年第30号)
【分类号】 20350241

二次应答机代码 指定给由模式A或C应答器发出的多个脉冲回答信号的数字。
【词条英文】 Ssr code

【来源】《中国民用航空空中交通管理规则》(CCAR-93-R5)(交通运输部 2017 年第 30 号)

【分类号】 20350167

F

法律法规要求和其他要求 组织必须遵守的法律法规要求,以及组织必须遵守或选择遵守的其他要求。

【注 1】“法律法规要求和其他要求”包括集体协议的规定。

【注 2】“法律法规要求和其他要求”包括依法律、法规、集体协议和惯例确定的工作人员代表的要求。

【词条英文】 Legal requirements and other requirements

【来源】《职业健康安全管理体系 要求及使用指南》(GB/T 45001-2020/ISO 45001:2018)

【分类号】 10560033

法人/人 具有法律人格并具备法律资格的某个人或社团或特殊目的的基金管理机构(如:基金会)。

【词条英文】 (Legal) person

【来源】《国际民航组织技术文件有关名词解释》(MD-AS-2007-01)

【分类号】 20720001

翻修 根据适航性资料,通过对航空器或者航空器部件进行分解、清洗、检查、必要的修理和换件、重新组装和测试来恢复航空器或者航空器部件的使用寿命或者适航性状态。

【词条英文】 Overhaul

【来源】《民用航空器维修许可审定的规定》(CCAR-145)

【分类号】 20450010

F

反向程序 在仪表进近程序的起始进近阶段，能使航空器转到相反方向的程序。

【注】 反向程序包括程序转弯和基线转弯。

【词条英文】 Reverse Procedure

【来源】 国际民用航空组织《空中交通管理》Doc4444

【分类号】 20350090

方针 由组织最高管理者正式表述的组织意图和方向。

【词条英文】 Policy

【来源】 《职业健康安全管理体系 要求及使用指南》(GB/T 45001-2020/ISO 45001：2018)

【分类号】 10560037

防吹坪 紧邻跑道端部、用以降低飞机喷气尾流或螺旋浆洗流对地面侵蚀的场地。

【词条英文】 Runway blast pad

【来源】 《民用机场飞行区技术标准》(MH5001-2021)

【分类号】 20260065

防范措施 落实到位的一些具体的风险缓解、预防性控制或恢复等措施，用于防止危险发生或其升级为不良后果。

【词条英文】 Defences

【英文释义】 Specific mitigating actions, preventive controls or recovery measures put in place to prevent the realization of a hazard or its escalation into an undesirable consequence.

【来源】 国际民用航空组织《安全管理手册》Doc9859

【分类号】 10520012

防风罩插入损失 对规定的三分之一倍频程中心频率，按照规定的入射角，传声器加装防风罩前后所显示的声压级之差，以dB为单位。

【来源】 航空器型号和适航合格审定噪声规定(CCAR-36-R1)

【分类号】 20450016

飞行安全文件系统 是由合格证持有人制订，用于规定或指导合格证持有人飞行和地面运行人员日常安全运行所必需的相关资料，其中应当包括本规则G章规定的手册及内容，手册的保存、分发、获取、修订及有效性控制的程序和方法。

【来源】 《大型飞机公共航空运输承运人运行合格审定规则》(CCAR-121-R5)(交通运输部2017年第29号)

【分类号】 20150099

飞行程序设计过程 专门用于仪表飞行程序设计，从而创建或修改仪表飞行程序的过程。

【来源】 国际民航组织《飞行程序设计质量保证手册》Doc9906

【分类号】 20150125

飞行高度层 ❶相对于一个特定的气压基准1013.2百帕斯卡的等压面，这些等压面之间用一定的气压间隔隔开。

【词条英文】 Flight level，缩写为FL

【来源】 民用航空使用空域办法(CCAR-71)

【分类号】 20350036

❷以1013.2百帕气压面为基准的等压面。各个等压面之间具有规定的气压差。

【词条英文】 Flight level

【来源】《中国民用航空空中交通管理规则》(CCAR-93-R5)(交通运输部 2017 年第 30 号)

【分类号】 20350190

飞行机组成员 ❶飞行期间承担航空器运行的主要职责并持有执照的机组成员。

【词条英文】 Flight crew member

【来源】《国际民航组织技术文件有关名词解释》(MD-AS-2007-01)

【分类号】 20120001

❷飞行期间在飞机驾驶舱内执行任务的驾驶员和飞行机械员。

【词条英文】 Flight crew member

【来源】《大型飞机公共航空运输承运人运行合格审定规则》(CCAR-121-R5)(交通运输部 2017 年第 29 号)

【分类号】 20150065

❸飞行期间在航空器驾驶舱内执行任务的驾驶员、领航员、飞行通信员和飞行机械员。

【来源】 小型航空器商业运输运营人运行合格审定规则(CCAR-135)

【分类号】 20150141

❹飞行期间在航空器驾驶舱内执行任务的驾驶员和飞行机械员。

【来源】《事件样例》(AC-396-08R2)

【分类号】 10250007

飞行计划 向空中交通服务单位提供的关于航空器一次预定

飞行或部分飞行的规定资料。

【词条英文】 Flight plan

【来源】 《中国民用航空空中交通管理规则》(CCAR-93-R5)(交通运输部2017年第30号)

【分类号】 20350191

飞行记录器

❶装在航空器内为辅助事故/事故征候调查用的任何型别的记录器。

【词条英文】 Flight data recorder

【来源】 《国际民航组织技术文件有关名词解释》(MD-AS-2007-01)

【分类号】 20120002

❷是指安装在飞机上的用于事故/事件调查目的的记录装置,包括飞行数据记录器、驾驶舱话音记录器等。

【来源】 《大型飞机公共航空运输承运人运行合格审定规则》(CCAR-121-R5)(交通运输部2017年第29号)

【分类号】 20150168

飞行检查

对配备适当装备的航空器所进行的飞行,以校准陆基导航设备或监测或评价全球卫星导航系统(GNSS)的性能。

【词条英文】 Flight inspection

【来源】 国际民航组织《飞行程序设计质量保证手册》Doc9906

【分类号】 20150126

飞行经历时间

❶机组必需成员在其值勤岗位上执行任务的飞行时间,即在座飞行时间。

【来源】 《大型飞机公共航空运输承运人运行合格审定规则》

(CCAR-121-R5)(交通运输部 2017 年第 29 号)、小型航空器商业运输运营人运行合格审定规则(CCAR-135)

【分类号】 20150114

❷是指为符合航空人员执照、等级、定期检查或近期飞行经历要求中的训练和飞行时间要求,在航空器、飞行模拟机或飞行训练器上所获得的在座飞行时间,这些时间应当是作为飞行机组必需成员的时间,或在航空器、飞行模拟机或飞行训练器上从授权教员处接受训练或作为授权教员提供教学的时间。

【来源】 《民用航空器驾驶员、飞行教员和地面教员合格审定规则》(CCAR-61R2)

【分类号】 20150115

飞行能见度 ❶是指飞行员在空中从飞机驾驶舱能够在昼间看到或识别前方显著无发光目标物,或在夜间看到或识别前方显著发光目标物的平均水平距离。

【来源】 《大型飞机公共航空运输承运人运行合格审定规则》(CCAR-121-R5)(交通运输部 2017 年第 29 号)

【分类号】 20150177

❷飞行中航空器驾驶舱前方的能见度。

【词条英文】 Flight Visibility

【来源】 国际民航组织《空中交通服务程序——空中交通管理》Doc4444

【分类号】 20350080

飞行气象情报 与飞行有关的现在的或预期的气象情况的报告、分析、预报和任何其他说明。

【词条英文】 Operational Meteorological Information
【来源】 《国际民航组织技术文件有关名词解释》(MD-AS-2007-01)
【分类号】 20320014

飞行签派员 在公共航空运输运行中，持有按《民用航空飞行签派员执照管理规则》(CCAR-65FS)颁发的飞行签派员执照，由合格证持有人指定从事飞行运行控制和监督，承担本规则第531条(c)款中所列各项责任的人员。
【来源】 《大型飞机公共航空运输承运人运行合格审定规则》(CCAR-121-R5)(交通运输部2017年第29号)
【分类号】 20150159

飞行前资料公告 在飞行前准备的、对运行有重要意义的有效航行通告资料。
【词条英文】 Pre-flight Information Bulletin
【来源】 民用航空情报工作规则(CCAR-175)
【分类号】 20350276

飞行情报部门 为提供飞行情报服务和告警服务而设置的单位。
【词条英文】 Flight information region
【来源】 《中国民用航空空中交通管理规则》(CCAR-93-R5)(交通运输部2017年第30号)
【分类号】 20350187

飞行情报服务 向飞行中的航空器提供有益于安全和有效地实施飞行的建议和情报的服务。

【词条英文】 Flight information service
【来源】 《中国民用航空空中交通管理规则》(CCAR-93-R5)(交通运输部 2017 年第 30 号)、《国际民航组织技术文件有关名词解释》(MD-AS-2007-01)
【分类号】 20350189

飞行情报区 为提供飞行情报服务和告警服务而划定范围的空间。
【词条英文】 Flight information region
【来源】 《中国民用航空空中交通管理规则》(CCAR-93-R5)(交通运输部 2017 年第 30 号)、民用航空使用空域办法(CCAR-71)
【分类号】 20350034

飞行区/机场飞行区 ❶供飞机起飞、着陆、滑行和停放使用的场地,一般包括跑道、滑行道、机坪、升降带、跑道端安全区,以及仪表着陆系统、进近灯光系统等所在的区域,通常由隔离设施和建筑物所围合。
【词条英文】 Airfield area
【来源】 《民用机场飞行区技术标准》(MH5001-2021)
【分类号】 20260008

❷ 机场内用于航空器起飞、着陆和地面活动的区域。
【来源】 国际民航组织公约附件 14《机场》
【分类号】 20210052

飞行时间 航空器为准备起飞而依靠自身动力开始移动时起,至飞行结束停止移动为止的时间。
【词条英文】 Flight Time

【来源】《中华人民共和国民用航空行业标准》《民用航空器征候等级划分办法》,2018年12月14日发布的《民用航空事故征候》(MH/T 2001-2018)自2021年10月1日起正式实施、《大型飞机公共航空运输承运人运行合格审定规则》(CCAR-121-R5)(交通运输部2017年第29号)、小型航空器商业运输运营人运行合格审定规则(CCAR-135)

【分类号】 10360001

飞行实施过程 航空器为准备起飞而借助自身动力开始移动时起,直到飞行结束停止移动为止的过程。

【词条英文】 Flight implementing phase

【来源】《国际民航组织技术文件有关名词解释》(MD-AS-2007-01)

【分类号】 20120003

飞行数据分析 是指为了提高飞行运行安全而对合格证持有人所记录的飞行数据加以分析的过程。

【来源】《大型飞机公共航空运输承运人运行合格审定规则》(CCAR-121-R5)(交通运输部2017年第29号)

【分类号】 20150101

飞行校验 对配备适当装备的航空器所进行的飞行,以校准陆基导航设备或监测或评价全球卫星导航系统(GNSS)的性能。

【词条英文】 Flight inspection

【来源】 国际民航组织《飞行程序设计质量保证手册》Doc9906

【分类号】 20150127

飞行验证驾驶员 达到国家规定能力要求进行飞行验证

的人。
【词条英文】 Flight validation pilot
【来源】 国际民航组织《飞行程序设计质量保证手册》Doc9906
【分类号】 20150128

飞行中 ❶是指自民用航空器为实际起飞而使用动力时起至着陆冲程终了时止；就轻于空气的民用航空器而言，飞行中是指自其离开地面时起至其重新着地时止。
【来源】 《中华人民共和国民用航空法》(2021 年 4 月 29 日第六次修正)
【分类号】 20730024

❷自航空器为实际起飞而使用动力时起，至着陆冲程终止的过程(包含中断起飞阶段)。
【来源】 《中华人民共和国民用航空行业标准》《民用航空器征候等级划分办法》，2018 年 12 月 14 日发布的《民用航空器事故征候》(MH/T 2001-2018)自 2021 年 10 月 1 日起正式实施。
【词条英文】 In Flight
【分类号】 10360002

❸是指航空器从装载完毕、机舱外部各门均已关闭时起，直至打开任一机舱门以便卸载时为止。航空器强迫降落时，在主管当局接管对该航空器及其所载人员和财产的责任前，应当被认为仍在飞行中。
【来源】 《公共航空旅客运输飞行中安全保卫工作规则》(CCAR-332-R1)
【分类号】 20550001

飞机 由动力驱动的重于空气的航空器，其飞行中的升力主要由作用于翼面上的空气动力的反作用力获得，此翼面在给定飞行条件下保持固定不变。

【词条英文】 Aeroplane

【英文释义】 A power-driven heavier-than-air aircraft, deriving its lift in flight chiefly from aerodynamic reactions on surfaceswhich remain fixed under given conditions of flight.

【来源】 国际民用航空组织《安全管理》(附件 19)

【分类号】 10520025

飞机等级号 表示飞机对规定标准土基等级道面的相对影响的数字。

【词条英文】 Aircraft classification number

【来源】 《民用机场飞行区技术标准》(MH5001-2021)

【分类号】 20260009

飞机机位 机坪上用以停放飞机的特定场地。

【词条英文】 Aircraft stand

【来源】 《民用机场飞行区技术标准》(MH5001-2021)

【分类号】 20260010

飞机基准飞行场地长度 在批准的最大起飞质量、海平面、标准大气条件、无风和跑道坡度为零的条件下，飞机起飞所需的最小飞行场地长度。

【注】 飞机基准飞行场地长度载于颁证当局规定的相应飞机飞行手册或飞机制造商提供的等效数据中，飞行场地长度即为飞机的平衡飞行场地长度(如适用)，或在其他情况下为起飞距离。

【词条英文】 Aeroplane reference field length

【来源】《民用机场飞行区技术标准》(MH5001-2021)

【分类号】 20260011

F

飞机可靠性方案 营运人制定的对飞机、发动机及机载设备的故障或损坏前的各种有意义的变化征象(如疲劳、腐蚀、磨损等)进行分析、评估、处理和监控的方案。

【词条英文】 Aircraft Reliability Scheme

【来源】 中国民用航空总局 AC-121-54 可靠性方案

【分类号】 20450031

飞机追踪 是指由航空承运人按标准的时间隔,针对每架飞行中的飞机在地面记录并更新飞机 4D 位置信息(经度、纬度、高度、时刻)的过程。

【来源】《大型飞机公共航空运输承运人运行合格审定规则》(CCAR-121-R5)(交通运输部 2017 年第 29 号)

【分类号】 20150160

飞机组类 为方便机组成员和飞行签派员的训练管理,根据飞机动力装置的区别对飞机划分的种类。在本规中,将飞机分为两个组类:组类 I,以螺旋桨驱动的飞机,包括以活塞式发动机为动力的飞机和以涡轮螺旋桨发动机为动力的飞机;组类 II,以涡轮喷气发动机为动力的飞机。为飞行机组成员训练需要,根据飞机最大起飞全重,再将组类 II 飞机分为 5 700 千克(含)至 136 000 千克(含)和 136 000 千克(不含)以上两个种类。

【来源】《大型飞机公共航空运输承运人运行合格审定规则》(CCAR-121-R5)(交通运输部 2017 年第 29 号)

【分类号】 20150069

飞艇 是指一种动力驱动能够操纵的轻于空气航空器。

【来源】《民用航空器驾驶员、飞行教员和地面教员合格审定规则》(CCAR-61R2)

【分类号】 20150191

非法飞行 是指除超轻型飞行器之外的航空器,从事国家法律法规禁止的民用航空飞行活动,符合下列情形之一:

(1) 航空器未进行国籍登记或未取得适航批准的;

(2) 航空器驾驶员未取得执照、体检合格证书的;

(3) 航空器运营人未取得经营许可或运行许可的;

(4) 飞行任务和飞行计划未取得空中交通管理部门批准的。

【来源】《中华人民共和国民用航空行业标准》《民用航空器征候等级划分办法》,2018 年 12 月 14 日发布的《民用航空器事故征候》(MH/T 2001-2018)自 2021 年 10 月 1 日起正式实施

【分类号】 10360010

非法干扰行为 是指危害民用航空安全的行为或未遂行为,主要包括:

(1)非法劫持航空器;

(2)毁坏使用中的航空器;

(3)在航空器上或机场扣留人质;

(4)强行闯入航空器、机场或航空设施场所;

(5)为犯罪目的而将武器或危险装置、材料带入航空器或机场;

(6)利用使用中的航空器造成死亡、严重人身伤害,或对财产或环境的严重破坏;

(7)散播危害飞行中或地面上的航空器、机场或民航设施场所内的旅客、机组、地面人员或大众安全的虚假信息。

【来源】《公共航空旅客运输飞行中安全保卫工作规则》(CCAR-332-R1)、《公共航空运输企业航空安全保卫规则》(CCAR-343-R1)、《民用航空运输机场航空安全保卫规则》(CCAR-329)

【分类号】 20550004

非航空器突发事件

包括：

(1)对机场设施的爆炸物威胁；

(2)机场设施失火；

(3)机场危险化学品泄漏；

(4)自然灾害；

(5)医学突发事件；

(6)不涉及航空器的其他突发事件。

【来源】《民用运输机场突发事件应急救援管理规则》

【分类号】 10450002

非精密进近

使用全向信标台、无方向性无线信标台等地面设施，只提供方位引导，不提供下滑引导的仪表进近。

【词条英文】 Non-precision approach

【来源】《中国民用航空空中交通管理规则》(CCAR-93-R5)(交通运输部 2017 年第 30 号)、《国际民航组织技术文件有关名词解释》(MD-AS-2007-01)

【分类号】 20350211

非精密进近和着陆运行

是指不使用电子下滑道指引的仪表进近和着陆。

【来源】《大型飞机公共航空运输承运人运行合格审定规则》(CCAR-121-R5)(交通运输部 2017 年第 29 号)

【分类号】 20150071

非精密进近跑道 ❶配备有目视助航设备和至少一种可为直线进近提供所需方向引导的非目视助航设备的仪表跑道。

【词条英文】 Non precision approach runway

【来源】 国际民航组织公约附件14《机场》

【分类号】 20210058

❷最低下降高或决断高不低于75米，能见度不小于1000米的仪表进近运行的跑道。

【词条英文】 Non precision approach runway

【来源】 《民用机场飞行区技术标准》(MH5001-2021)

【分类号】 20260003

非精密仪表进近 使用全向信标(VOR)、导航台(NDB)或者航向台(LLZ)(ILS系统下滑台不工作)等地面导航设施，只提供方位引导，不具备下滑引导的进近。

【来源】 小型航空器商业运输运营人运行合格审定规则(CCAR-135)

【分类号】 20150152

非仪表跑道 供飞机用目视进近程序飞行的跑道，或用仪表进近程序飞行至某一点之后飞机可继续在目视气象条件下进近的跑道。

【注】 目视气象条件(VMC)指等于或者高于规定最低标准的气象条件，用能见度、距云的距离和云高表示。

【词条英文】 Non-instrument runway

【来源】 《民用机场飞行区技术标准》(MH5001-2021)

【分类号】 20260012

分布式操作 是指把UAS操作分解为多个子业务，部署在多个站点或者终端进行协同操作的模式，其特点是不要求个人具备对UAS的完全操作能力。

【来源】《特定类无人机试运行管理规程(暂行)》(AC-92-2019-13)

【分类号】 20750017

风切变 风向或风速的快速变化。

【来源】《航空器驾驶员指南-雷暴、晴空颠簸和低空风切变》(AC-91-FS-2014-20)

【分类号】 20150218

风险 ❶事件发生的频率(概率)及其相关的严重程度的组合。

【来源】《特定类无人机试运行管理规程(暂行)》(AC-92-2019-11)

【分类号】 20750015

❷不确定性的影响。

【注1】 影响是指对预期的偏离——正面或负面的。

【注2】 通常，风险以潜在"事件"和"后果"或两者的组合来描述其特性。

【注3】 通常，风险以某事件(包括情况的变化)的后果及其发生的"可能性"的组合来表述。

【词条英文】 Risk

【来源】《职业健康安全管理体系 要求及使用指南》(GB/T 45001-2020/ISO 45001：2018)

【分类号】 10560019

风险分析/航空研究 用于评估一些特定情况构成的风险(事件或危害的严重性和发生的可能性的结合)的一个机制，是安全管理制度的一部分。它被用来将此类分析的结果与一特定的标准、建议措施或国家要求的预计结果相比较，以便选出解决办法不是安全削弱到低于预计水平。

【词条英文】 Risk analysis/aeronautical study

【来源】 《国际民航组织技术文件有关名词解释》(MD-AS-2007-01)

【分类号】 10520007

风险缓解 结合防范或预防性控制措施，降低危险预期后果的严重性和、或可能性的过程。

【词条英文】 Risk mitigation

【英文释义】 The process of incorporating defences or preventive controls to lower the severity and/or likelihood of a hazard's projected consequence.

【来源】 国际民用航空组织《安全管理手册》Doc9859

【分类号】 10520013

风险评价 评价风险程度并确定其是否在可承受范围的全过程。

【词条英文】 Risk assessment

【来源】 《职业健康安全管理体系 要求》(GB/T 28001—2011)

【分类号】 10560020

符合 满足要求。

【词条英文】 Conformity

【来源】 《职业健康安全管理体系 要求及使用指南》(GB/T 45001-2020/ISO 45001：2018)

【分类号】 10560050

服务提供人 为经营人和其他提供人服务，属于航空活动的一部分并在职能上有别于其管理人的机构。

【词条英文】 Service provider

【来源】《国际民航组织技术文件有关名词解释》(MD-AS-2007-01)

【分类号】 20720009

服务通告/服务信函 当某一民用航空产品出现技术问题时，并且很可能存在于或发生于同型号设计的其他民用航空产品时，由该产品的设计生产厂编写的用以通知客户注意和采取纠正措施，以保证该民用产品符合技术规范要求的技术文件。

【词条英文】 Service Bulletin/ Service Letter

【来源】 国产民用航空产品服务通告管理规定 AP-21-2

【分类号】 20450011

复飞程序 如果不能继续进近时应当遵循的复飞程序。

【词条英文】 Missed approach procedure

【来源】《民用航空使用空域办法》CCAR-71、《国际民航组织技术文件有关名词解释》(MD-AS-2007-01)

【分类号】 20150003

副区 沿规定的飞行航迹位于主区两侧划定的区域，在该区域内提供逐渐减少的最低超障余度。

【词条英文】 Secondary area

【来源】 民用航空使用空域办法(CCAR-71)

【分类号】 20350062

G

改装 在航空器及其部件交付后进行的超出其原设计状态、但未构成型号合格证及其数据单更改的任何改变，包括任何材料和零部件的替代。

【词条英文】 Modification

【来源】《民用航空器维修许可审定的规定》(CCAR-145)

【分类号】 20450012

概率可容度 提供的保护空域可以容纳沿航路飞行的总飞行时间(累积所有航空器)的百分比。例如，允许有5%的总飞行时间的飞行在保护空域之外，但不可能把这些飞行可能偏离保护空域的最大距离予以量化时，用概率可容度为95%表示。

【词条英文】 Containment

【来源】 民用航空使用空域办法(CCAR-71)

【分类号】 20350018

干跑道 飞机起降需用距离和宽度范围内的表面上没有污染物或可见的潮湿条件的跑道。对于经过铺筑、带沟槽或具有多孔摩擦材料处理，即使在有湿气时也能保持“有效干”的刹车效应的跑道也算干跑道。

【来源】《大型飞机公共航空运输承运人运行合格审定规则》(CCAR-121-R5)(交通运输部2017年第29号)

【分类号】 20150171

高 自某一个特定基准面量至一个平面、一个点或视作一个点的物体的垂直距离。

【词条英文】 Height

【来源】《中国民用航空空中交通管理规则》(CCAR-93-R5)(交通运输部 2017 年第 30 号)、国际民用航空组织《空中交通管理》Doc4444

【分类号】 20350195

G

高度 自平均海平面量至一个平面、一个点或视作一个点的物体的垂直距离。

【词条英文】 Altitude

【来源】《中国民用航空空中交通管理规则》(CCAR-93-R5)(交通运输部 2017 年第 30 号)

【分类号】 20350150

高度层 相对于一个特定气压基准 1013.2 百帕的等压面。

【词条英文】 Flight Level

【来源】 国际民用航空组织《空中交通管理》Doc4444

【分类号】 20350094

告警服务 ❶向有关组织发出需要搜寻援救航空器和协助该组织而提供的服务。

【词条英文】 Alerting service

【来源】《中国民用航空空中交通管理规则》(CCAR-93-R5)(交通运输部 2017 年第 30 号)、《国际民航组织技术文件有关名词解释》(MD-AS-2007-01)

【分类号】 20350148

❷为了通知有关组织航空器需要搜寻救援并在必要时协助该组织而设立的一种服务。

【词条英文】 Alerting service

【来源】 国际民用航空组织《空中交通管理》Doc4444

【分类号】 20350096

告警阶段 指航空器及其机上人员的安全出现令人担忧的情况。

【词条英文】 ALERFA

【来源】 《中国民用航空空中交通管理规则》(CCAR-93-R5)(交通运输部 2017 年第 30 号)、《国际民航组织技术文件有关名词解释》(MD-AS-2007-01)

【分类号】 20350146

告警时间 系统因在该时间内预测到航迹与地面障碍物或航迹对之间的间隔将要发生冲突而产生告警的时间值。

【词条英文】 Warning time

【来源】 《国际民航组织技术文件有关名词解释》(MD-AS-2007-01)

【分类号】 10320003

隔离机位 供受到劫持或爆炸物威胁的航空器停放,其位置应能使其距其他航空器集中停放区、建筑物或者公共场所至少 100 米,并尽可能避开地下管网等重要设施。

【来源】 《民用运输机场突发事件应急救援管理规则》

【分类号】 10450003

隔离空域 是指专门分配给 UAS 运行的空域,通过限制其他航空器的进入以规避碰撞风险。

【来源】 《特定类无人机试运行管理规程(暂行)》(AC-92-2019-10)

【分类号】 20750014

隔离平行运行 在平行或近似平行的仪表跑道上同时运行,其中一条跑道专门用于进近,另一条跑道专门用于起飞。

【词条英文】 Segregated parallel operations

【来源】 《民用机场飞行区技术标准》(MH5001-2021)

【分类号】 20260069

人的因素/人为因素/个人因素 影响个人表现和正常发挥的因素,主要是指身体状况、精神和情绪,条件限制和各种压力等。

【词条英文】 Human Factor

【来源】 航空人员的维修差错管理 AC-121-007

【分类号】 20450018

个人娱乐飞行 飞行驾驶执照拥有者为保持和提高飞行技术、体验飞行乐趣,从通用航空企业租用航空器开展的飞行活动。

【来源】 《通用航空经营许可管理规定》(CCAR-290)

【分类号】 20150009

工程指令 用于对航空器、发动机或零部件实施专门检查、改装更换以及修理等非例行维修工作的指令。

【词条英文】 Engineering Order

【来源】 维修工程管理手册编写指南 AC-121-51

【分类号】 20450027

工效学 研究人的工作能力及局限性,使从事的工作趋向适应人的生理、心理和行为特征,以增强人的工作表现和舒适性的应用科学。

【词条英文】 Ergonomics

【来源】《中华人民共和国民用航空行业标准》(MH/T3010.18-2006)维修人为因素方案指南

【分类号】 20460008

工效学审查 为增强人的表现并减少差错,从工效学的角度对工作场所、组织架构和工作任务等进行评估、调查的一种方法。

【词条英文】 Ergonomic audit

【来源】《中华人民共和国民用航空行业标准》(MH/T3010.18-2006)维修人为因素方案指南

【分类号】 20460009

工作场所 在组织控制下,人员因工作需要而处于或前往的场所。

【词条英文】 Workplace

【来源】《职业健康安全管理体系 要求及使用指南》(GB/T 45001-2020/ISO 45001:2018)

【分类号】 10560030

工作任务清单 是指为完成运行工作所需的所有任务、子任务、知识和技能的清单。

【来源】《大型飞机公共航空运输承运人运行合格审定规则》(CCAR-121-R5)(交通运输部 2017 年第 29 号)

【分类号】 20150051

工作人员 在组织控制下开展工作或工作相关的活动的人员。

【注 1】 在不同安排下,人员有偿或无偿开展工作或工作相关的活动,如定期的或临时的、间歇性的、或季节性的、偶然的或兼职的等。

【注 2】 工作人员包括最高管理者、管理类人员和非管理类人员。

【词条英文】 Worker

【来源】 《职业健康安全管理体系 要求及使用指南》(GB/T 45001-2020/ISO 45001:2018)

【分类号】 10560027

工作手册 是各职能部门下发的规范和指导民航行政机关工作人员具体行为的文件。

【词条英文】 Working Manual

【来源】 《中国民航航空安全方案》(CCAR398)

【分类号】 10120007

工作现场 从事航空器及其部件维修工作的地点或场所。

【词条英文】 Work site

【来源】 《中华人民共和国民用航空行业标准》(MH/T3010.8-2006)民用航空器维修人员的行为规范

【分类号】 20460019

弓形回波 线状的雷达回波,但向外弯曲,形状呈弓形。

【来源】 《航空器驾驶员指南-雷暴、晴空颠簸和低空风切变》(AC-91-FS-2014-20)

【分类号】 20150206

公布距离 (1)可用起飞滑跑距离(TORA):可用并适于飞机起飞时进行地面滑跑的跑道长度;

(2)可用起飞距离(TODA):可用起飞滑跑距离的长度加上净

空道(如设有)的长度;

(3)可用加速停止距离(ASDA):可用起飞滑跑距离的长度加上停止道(如设有)的长度;

(4)可用着陆距离(LDA):可用并适于飞机着陆时进行地面滑跑的跑道长度。

【来源】《民用机场飞行区技术标准》(MH5001-2021)

【分类号】 20260062。

公共航空运输 是指以营利为目的,使用民用航空器为他人提供旅客、行李、邮件或者货物运送服务的行为。

【来源】 外国公共航空运输承运人运行合格审定规则(CCAR-129)

【分类号】 20150134

公共航空运输企业 是指以营利为目的,使用民用航空器运送旅客、行李、邮件或者货物的企业法人。

企业从事公共航空运输,应当向国务院民用航空主管部门申请领取经营许可证。

取得公共航空运输经营许可,应当具备下列条件:

(1)有符合国家规定的适应保证飞行安全要求的民用航空器;

(2)有必需的依法取得执照的航空人员;

(3)有不少于国务院规定的最低限额的注册资本;

(4)法律、行政法规规定的其他条件。

【来源】《中华人民共和国民用航空法》(2021 年 4 月 29 日第六次修正)

【分类号】 20730018

公司维修文件 主要包括维修方案、工程指令、工作单和自己编写的各种工艺文件。

【词条英文】 Airline Maintenance Document

【来源】 航空人员的维修差错管理 AC-121-007

【分类号】 20450019

构型、维修和程序(CMP) 是指经局方批准的机体发动机组合为延程运行所要求的型号设计批准的文件。该文件包括最低构型,维修标准、硬件寿命限制和主最低设备清(MMEL)限制和机组操作程序等运行要求。

【来源】 《大型飞机公共航空运输承运人运行合格审定规则》(CCAR-121-R5)(交通运输部 2017 年第 29 号)

【分类号】 20150072

管理 做出权威性指示,以实现或保持理想程度的秩序。

【词条英文】 Regulation

【来源】 《国际民航组织技术文件有关名词解释》(MD-AS-2007-01)

【分类号】 10520008

变更管理/管理变更 在一个组织机构中,以系统的方式管理变更的正式过程,以便对有可能影响查明的危险和风险缓解策略所做的变更,在这些变更实施前,都能得以考虑到。

【词条英文】 Change management

【英文释义】 A formal process to manage changes within an organization in a systematic manner, so that changes which may impact identified hazards and risk mitigation strategies are accounted for, before the implementation of such changes.

【来源】 国际民用航空组织《安全管理手册》Doc9859

【分类号】 10520014

管理程序 是各职能部门下发的有关民用航空规章的实施办法或具体管理程序,是民航行政机关工作人员从事管理工作和法人、其他经济组织或者个人从事民用航空活动应当遵守的行为规则。

【词条英文】 Aviation Procedure(AP)

【来源】 《中国民航航空安全方案》(CCAR398)

【分类号】 10120004

管理体系 组织用于建立方针和目标以及实现这些目标的过程的一组相关联或相互作用的要素。

【注 1】 一个管理体系可针对单个或多个领域。

【注 2】 体系要素包括组织的结构、角色和职责、策划、运行、绩效评价和改进。

【注 3】 管理体系的范围可包括:整个组织,组织中具体可识别的职能或部门,或者跨组织的一个或多个职能。

【词条英文】 Management system

【来源】 《职业健康安全管理体系 要求及使用指南》(GB/T 45001-2020/ISO 45001:2018)

【分类号】 10560034

管理文件 是各职能部门下发的就民用航空管理工作的重要事项做出的通知、决定或政策说明。

【词条英文】 Management Document

【来源】 《中国民航航空安全方案》(CCAR398)

【分类号】 10120006

管制单位 全国空中交通运行管理单位、地区空中交通运行管理单位、空中交通服务报告室、区域管制单位、进近管制单位或机场塔台管制单位等不同含义的通称。

【词条英文】 Air traffic control unit

【来源】《中国民用航空空中交通管理规则》(CCAR-93-R5)(交通运输部 2017 年第 30 号)

【分类号】 20350279

管制地带 从地球表面向上延伸至规定上限的管制空域。

【词条英文】 Control zone

【来源】《中国民用航空空中交通管理规则》(CCAR-93-R5)(交通运输部 2017 年第 30 号)、国际民用航空组织《空中交通管理》Doc4444、民用航空使用空域办法(CCAR-71)

【分类号】 20350172

管制飞行 一个划定范围的空域,在此空域内可按照空域的类型,对仪表飞行规则飞行和目视飞行规则飞行的航空器提供空中交通管制服务。

【词条英文】 Controlled flight

【来源】《中国民用航空空中交通管理规则》(CCAR-93-R5)(交通运输部 2017 年第 30 号)

【分类号】 20350173

管制空域 ❶一个划定范围的空域,在此空域内可按照空域的类型,对仪表飞行规则飞行和目视飞行规则飞行的航空器提供空中交通管制服务。

【词条英文】 Controlled airspace

【来源】 民用航空使用空域办法(CCAR-71)

【分类号】 20350020

❷依据空域分类，对按仪表飞行规则和目视飞行规则飞行的航空器提供空中交通管制服务而划定的空间。

【词条英文】 Controlled airspace

【来源】《中国民用航空空中交通管理规则》(CCAR-93-R5)(交通运输部 2017 年第 30 号)

【分类号】 20350171

管制区 自地球表面之上的规定界限向上延伸的管制空域。

【词条英文】 Control area

【来源】《中国民用航空空中交通管理规则》(CCAR-93-R5)(交通运输部 2017 年第 30 号)、民用航空使用空域办法(CCAR-71)、国际民用航空组织《空中交通管理》Doc4444

【分类号】 20350024

管制区边界 构成管制区域的边境界面。

【词条英文】 Boundary

【来源】《中国民用航空空中交通管理规则》(CCAR-93-R5)(交通运输部 2017 年第 30 号)

【分类号】 20350166

管制扇区 将区域管制区或者终端(进近)管制区划分为两个或者两个以上的部分，每个部分称为一个管制扇区。其目的是将管制区的工作量分配至两个或者两个以上的管制席位，减轻单一管制席位的工作负担或者减少陆空通信频率拥挤。

【词条英文】 Control sector

【来源】 民用航空使用空域办法(CCAR-71)

【分类号】 20350022

管制许可的界限 空中交通管制准许航空器达到的点。

【词条英文】 Clearance limit

【来源】《中国民用航空空中交通管理规则》(CCAR-93-R5)(交通运输部2017年第30号)

【分类号】 20350169

管制移交点 ❶沿航空器飞行航径上规定的一个点,在该点对航空器提供空中交通管制服务的责任由一个单位或席位,移交给下一个管制单位或席位。

【词条英文】 Transfer of Control Point

【来源】《中国民用航空空中交通管理规则》(CCAR-93-R5)(交通运输部2017年第30号)

【分类号】 20350003

❷沿航空器飞行航径上规定的一点,在该点上,对航空器提供空中交通管制服务的责任由一个管制单位或者管制席位移交给下一个管制单位或者管制席位。

【词条英文】 Transfer of control point

【来源】 民用航空使用空域办法(CCAR-71)

【分类号】 20350076

管制员 经过空中交通管制专业训练,持有相应执照并从事空中交通管制业务的人员。

【词条英文】 Air Traffic Controller

【来源】《中国民用航空空中交通管理规则》(CCAR-93-R5)(交通运输部2017年第30号)

【分类号】 20350286

管制指示 由管制单位向航空器驾驶员发出的指令性内容。

【词条英文】 Instructions

【来源】《中国民用航空空中交通管理规则》(CCAR-93-R5)(交通运输部 2017 年第 30 号)

【分类号】 20350198

惯例 不依据正式程序执行,但为多数人所接受的习惯性做法。

【词条英文】 Norms

【来源】《中华人民共和国民用航空行业标准》(MH/T3010.18-2006)维修人为因素方案指南

【分类号】 20460010

滚轴云 一种低的、水平的管弧状云,与雷暴的阵风锋有关。滚轴云比较少见;它们完全脱离雷暴本体,与更常见的滩云不同。

【来源】《航空器驾驶员指南-雷暴、晴空颠簸和低空风切变》(AC-91-FS-2014-20)

【分类号】 20150213

国籍登记范围 下列民用航空器应当进行中华人民共和国国籍登记。

(1)中华人民共和国国家机构的民用航空器。

(2)依照中华人民共和国法律设立的企业法人的民用航空器;企业法人的注册资本中有外商出资的,其机构设置、人员组成和中方投资人的出资比例,应当符合行政法规的规定。

(3)国务院民用航空主管部门准予登记的其他民用航空器。

自境外租赁的民用航空器,承租人符合前款规定,该民用航空器的机组人员由承租人配备的，可以申请登记中华人民共和国国籍，但是必须先予注销该民用航空器原国籍登记。该法第二章第九条规定：民用航空器不得具有双重国籍。未注销外国国籍的民用航空器不得在中华人民共和国申请国籍登记。

【来源】 《中华人民共和国民用航空法》(2021 年 4 月 29 日第六次修正)

【分类号】 20730006

国籍登记机关 经中华人民共和国国务院民用航空主管部门依法进行国籍登记的民用航空器，具有中华人民共和国国籍，由国务院民用航空主管部门发给国籍登记证书。

国务院民用航空主管部门设立中华人民共和国民用航空器国籍登记簿，统一记载民用航空器的国籍登记事项。该法第二章第八条规定：依法取得中华人民共和国国籍的民用航空器，应当标明规定的国籍标志和登记标志。

【来源】 《中华人民共和国民用航空法》(2021 年 4 月 29 日第六次修正)

【分类号】 20730005

国际航行通告室 由国家指定负责进行国际间交换航行通告的单位。

【词条英文】 International NOTAM Office

【来源】 民用航空情报工作规则(CCAR-175)

【分类号】 20350274

国际航空运输 是指根据当事人订立的航空运输合同，无论运输有无间断或者有无转运，运输的出发地点、目的地点或者约定的经停地点之一不在中华人民共和国境内的运输。

【来源】《中华人民共和国民用航空法》(2021 年 4 月 29 日第六次修正)

【分类号】 20730020

国家安全方案 目的旨在提高安全的一套完整的规章和活动。

【词条英文】 State safety programme

【英文释义】 An integrated set of regulations and activities aimed at improving safety.

【来源】 国际民用航空组织《安全管理手册》Doc9859

【分类号】 10520015

国家政策 国家扶持民用航空事业的发展,鼓励和支持发展民用航空的科学研究和教育事业,提高民用航空科学技术水平。

国家扶持民用航空器制造业的发展,为民用航空活动提供安全、先进、经济、适用的民用航空器。

【来源】《中华人民共和国民用航空法》(2021 年 4 月 29 日第六次修正)

【分类号】 20730002

国内航空运输 是指根据当事人订立的航空运输合同,运输的出发地点、约定的经停地点和目的地点均在中华人民共和国境内的运输。

【来源】《中华人民共和国民用航空法》(2021 年 4 月 29 日第六次修正)

【分类号】 20730019

国内航线 是指运输的始发地、经停地和目的地均在中华人民共和国境内的航线。

【来源】《中国民用航空国内航线经营许可规定》(CCAR-289TR-R1)

【分类号】 20650047

国务院民用航空主管部门 国务院民用航空主管部门对全国民用航空活动实施统一监督管理;根据法律和国务院的决定,在本部门的权限内,发布有关民用航空活动的规定、决定。

国务院民用航空主管部门设立的地区民用航空管理机构依照国务院民用航空主管部门的授权,监督管理各该地区的民用航空活动。

【来源】《中华人民共和国民用航空法》(2021 年 4 月 29 日第六次修正)

【分类号】 20730004

过程 将输入转化为输出的一系列相互关联或相互作用的活动。

【词条英文】 Process

【来源】《职业健康安全管理体系 要求及使用指南》(GB/T 45001-2020/ISO 45001:2018)

【分类号】 10560044

过渡高 一个特定的场面气压高。在该高及其以下,航空器的垂直位置按场面气压高表示。

【词条英文】 Trantition height

【来源】《中国民用航空空中交通管理规则》(CCAR-93-R5)(交通运输部 2017 年第 30 号)

【分类号】 20350259

过渡高度 ❶一个特定的修正海平面气压高度。在此高度或者此高度以下，航空器的垂直位置按照修正海平面气压高度表示。

【词条英文】 Transition altitude

【来源】 民用航空使用空域办法(CCAR-71)

【分类号】 20350079

❷一个特定的修正海平面气压高度，在此高度以下，航空器的垂直位置按修正海平面气压高度表示。

【词条英文】 Trantition altitude

【来源】 《中国民用航空空中交通管理规则》(CCAR-93-R5)(交通运输部 2017 年第 30 号)

【分类号】 20350257

过渡高度层 在过渡高(高度)以上的最低可用飞行高度层。

【词条英文】 Trantition level

【来源】 《中国民用航空空中交通管理规则》(CCAR-93-R5)(交通运输部 2017 年第 30 号)

【分类号】 20350258

过冷水滴 大气中，液态水可以存在于 0℃或更冷环境中；许多强烈的雷暴中蕴含有大量的过冷水滴。

【来源】 《航空器驾驶员指南-雷暴、晴空颠簸和低空风切变》(AC-91-FS-2014-20)

【分类号】 20150216

H

海洋监测 使用装有或搭载专用仪器的民用航空器对领海和专属经济区内海洋资源使用、海洋污染情况进行的空中监测、调查、取证等飞行活动。

【来源】《通用航空经营许可管理规定》(CCAR-290)

【分类号】 20150011

行业守则 行业机构制订的指导材料,以帮助航空业的特定部门遵守国际民用航空组织标准和建议措施的各项要求、其他航空安全要求,以及被认为适当的最佳做法。

【注】 一些国家接受和参照行业守则来制订满足附件 19 各项要求的规章,并为行业守则提供资料来源及获取方法。

【词条英文】 Industry codes of practice

【英文释义】 Guidance material developed by an industry body, for a particular sector of the aviation industry to comply with the requirements of the International Civil Aviation Organization's Standards and Recommended Practices, other aviation safety requirements and the best practices deemed appropriate.

Note.— Some States accept and reference industry codes of practice in the development of regulations to meet the requirements of Annex 19, and make available, for the industry codes of practice, their sources and how they may be obtained.

【来源】 国际民用航空组织《安全管理》(附件 19)

【分类号】 10520026

航班 是指空运企业按规定的航线、日期、时刻经营的定期飞行活动。

【来源】《中国民用航空总局关于修订〈中国民用航空旅客、行李国内运输规则〉的决定》(CCAR-271TR-R2)

【分类号】 20650026

航行通告 ❶飞行人员和与飞行业务有关的人员必须及时了解的，关于航行设施、服务、程序的建立、情况或者变化，以及对航行有危险情况的出现和变化的通知。

【词条英文】 NOTAM

【来源】 《国际民航组织技术文件有关名词解释》(MD-AS-2007-01)

【分类号】 20320017

❷飞行人员和飞行业务有关的人员必须及时了解的，以电信方式发布的，关于航行设施、服务、程序的建立、情况或者变化，以及对航行有危险的情况的出现和变化的通知。

【词条英文】 NOTAM

【来源】 民用航空情报工作规则(CCAR-175)

【分类号】 20350271

航行资料汇编 由国家发行或由国家授权发行的载有空中航行所必需的、持久的航行资料的出版物。

【词条英文】 Aeronautical Information Publication

【来源】 《中国民用航空空中交通管理规则》(CCAR-93-R5)(交通运输部2017年第30号)、《国际民航组织技术文件有关名词解释》(MD-AS-2007-01)

【分类号】 20350104

航季 根据国际惯例，航班计划分为夏秋或冬春航季，夏秋航季是指当年三月最后一个星期日至十月最后一个星期六；冬春航季是指当年十月最后一个星期日至翌年三月最后一个星期六。

【来源】 《中国民用航空国内航线经营许可规定》(CCAR-289TR-R1)

H

【分类号】 20650051

航迹 航空器的航径在地面上的投影，其在任何一点的方向通常由北量起，以度数表示。

【词条英文】 Track

【来源】《中国民用航空空中交通管理规则》(CCAR-93-R5)(交通运输部2017年第30号)

【分类号】 20350251

航空安全风险管理 是中国民用航空局控制安全风险、实现安全目标的重要手段，它通过对民航生产经营单位SMS提出要求和对民航生产经营单位SMS安全绩效认可两个方面来实现基于安全绩效的安全管理。

中国民用航空局要求各民航生产经营单位建立SMS，实施风险管理。中国民用航空局将根据行业安全水平、每个单位具体运行环境的复杂程度以及单位的具体情况，与每个单位就其SMS安全绩效达成一致。

【来源】《中国民航航空安全方案》(CCAR398)

【分类号】 10120019

航空安全举报信息 是指公民、法人或其他组织采用书信、电子邮件、传真、电话等形式，向民航行政机关反映的事故隐患或安全生产违法行为等与航空安全直接相关的问题或意见。

【来源】《民航行政机关航空安全举报信息管理办法(试行)》(民航发〔2021〕56号)

【分类号】 10250014

航空安全员 是指为了保证航空器及其所载人员安全，在民用航空器上执行安全保卫任务，具有航空安全员资质的人员。

【来源】《公共航空旅客运输飞行中安全保卫工作规则》(CCAR-332-R1)

【分类号】 20550003

航空表演 飞行使用民用航空器，以展示飞机性能、飞行技艺，普及航空知识和满足观众观赏为目的开展的飞行活动。

【来源】《通用航空经营许可管理规定》(CCAR-290)

【分类号】 20150014

航空灯标 为标示地球表面上某一特定点而设置的、从各个方位都能看见的连续发光或间歇发光的航空地面灯。

【词条英文】 Aeronautical beacon

【英文释义】 An aeronautical ground light visible at all azimuths, either continuously or intermittently, to designatea particular point on the surface of the earth.

【来源】 国际民航组织公约附件14《机场》《民用机场飞行区技术标准》(MH5001-2021)

【分类号】 20210013

航空地面灯 除在航空器上显示的灯以外的任何专为帮助空中航行而设置的灯。

【词条英文】 Aeronautical ground light

【英文释义】 Any light specially provided as an aid to air navigation, other than a light displayed on an aircraft.

【来源】《民用机场飞行区技术标准》(MH5001—2021)

【分类号】 20260054

H

航空电台 航空移动服务中的陆地电台，在某些情况下，航空电台可以设置在船舶或海上平台。

【词条英文】 Aeronautical Station

【来源】《中国民用航空空中交通管理规则》(CCAR-93-R5)(交通运输部2017年第30号)

【分类号】 20350006

航空电信网 通过不同类属的空地和地地通信链路向机组、空中交通管制员、航空器经营人提供数字化数据信息交换的通信网络。

【词条英文】 Aeronautical Telecommunication Network

【来源】《中国民用航空空中交通管理规则》(CCAR-93-R5)(交通运输部2017年第30号)

【分类号】 20350008

航空固定服务 在规定的固定点之间，主要为空中航行安全、正常、有效和经济地运行所提供的电信服务。

【词条英文】 Aeronautical fixed service

【来源】《国际民航组织技术文件有关名词解释》(MD-AS-2007-01)

【分类号】 20320019

航空护林 使用民用航空器并配备专用仪器设备、专业人员，以保护森林资源为目的的实施的森林消防飞行活动，包括巡护飞行、索降灭火、机降灭火、喷液灭火、吊桶灭火等。

【来源】《通用航空经营许可管理规定》(CCAR-290)

【分类号】 20150015

航空货物 是指除航空邮件、凭“客票及行李票”运输的行李、航空危险品外，已由或者将由民用航空运输的物品，包括普通货物、特种货物、航空快件、凭航空货运单运输的行李等。

【来源】《民用航空安全检查规则》(CCAR-339-R1)

【分类号】 20550010

航空货运单 是指托运人或者托运人委托承运人填制的，是托运人和承运人之间为在承运人的航线上承运货物所订立合同的证据。

【来源】《中国民用航空货物国内运输规则》(CCAR-275TR-R1)

【分类号】 20650046

航空喷洒(撒) 使用民用航空器并配备专业喷洒(撒)设备或装置，将液体或固体干物料，按特定技术要求从空中向地面目标喷雾或撒播的飞行活动。

【来源】《通用航空经营许可管理规定》(CCAR-290)

【分类号】 20150018

航空器 能从空气的反作用，而不是从空气对地表的反作用，在大气中获得支撑的任何机器。

【词条英文】 Aircraft

【英文释义】 Any machine that can derive support in the atmosphere from the reactions of the air other than the reactions of the air against the earth's surface.

【来源】 国际民航组织《安全管理》(附件 19)、《中国民用航空空中交通管理规则》(CCAR-93-R5)(交通运输部 2017 年第 30 号)、民用航空使用空域办法(CCAR-71)

【分类号】 20120005

H

航空器安保检查 ❶是指对旅客可能进入的航空器内部进行的检查，目的在于发现可疑物品、武器或其他危险的装置和物品。

【来源】《公共航空运输企业航空安全保卫规则》(CCAR-343-R1)

【分类号】 20550006

❷是指对旅客可能已经进入的航空器内部的检查和对货舱的检查，目的在于发现可疑物品、武器、爆炸物或其他装置、物品和物质。

【来源】《民用航空安全检查规则》(CCAR-339-R1)

【分类号】 20550021

航空器安保搜查 ❶是指对航空器内部、外部的搜查，目的在于发现可疑物品、武器或其他危险的装置和物品。

【来源】《公共航空运输企业航空安全保卫规则》(CCAR-343-R1)、《民用航空运输机场航空安全保卫规则》(CCAR-329)

【分类号】 20550007

❷是指对航空器内部和外部进行彻底检查，目的在于发现可疑物品、武器、爆炸物或其他危险装置、物品和物质。

【来源】《民用航空安全检查规则》(CCAR-339-R1)

【分类号】 20550022

航空器代管 通用航空企业为航空器所有人开展飞行活动提供的航空器管理及航空专业服务。

【来源】《通用航空经营许可管理规定》(CCAR-290)

【分类号】 20150019

航空器代管人 是指为航空器所有权人代管航空器，按照与所有权人之间签订的协议为所有权人提供航空器的运行管理服务，经局方审定取得局方颁发的运行规范的航空器运营人。

【来源】 一般运行和飞行规则(CCAR-91-R2)

【分类号】 20150016

航空器等级号(ACN) 表示航空器对规定标准基础等级道面的相对影响的数字。

【注】 航空器等级号是按在关键起落架上产生临界荷载的重心位置(CG)来计算的，一般用对应于最大机坪总质量的最后重心位置来计算飞机等级号(ACN)。在特殊情况下，最前重心位置可能使前起落架产生更临界的荷载。

【词条英文】 Aircraft classification number (ACN)

【英文释义】 A number expressing the relative effect of an aircraft on a pavement for a specifiedstandard subgrade category.

【来源】 国际民航组织公约附件 14《机场》

【分类号】 20210015

航空器分类 起飞全重 136 000 千克(含)以上的航空器为重型航空器；起飞全重大于 7 000 千克，小于 136 000 千克的航空器为中型航空器；起飞全重等于或小于 7 000 千克的航空器为轻型航空器。

【词条英文】 Aircraft category

【来源】 《中国民用航空空中交通管理规则》(CCAR-93-R5)(交通运输部 2017 年第 30 号)

【分类号】 20350114

航空器干租交换协议 是在部分产权项目中包含的一

种用于解决航空器调配问题的协议。按照该协议，参加部分产权项目的每个部分产权所有权人，在需要时可以按照规定的条件使用其他所有权人的航空器。

【来源】 一般运行和飞行规则(CCAR-91-R2)

【分类号】 20150021

航空器机位 机坪上用于停放航空器的一块指定区域。

【词条英文】 Aircraft stand

【英文释义】 A designated area on an apron intended to be used for parking an aircraft.

【来源】 国际民航组织公约附件 14《机场》

【分类号】 20210016

航空器识别 用于识别航空器身份的一组字母、数字或字母和数字的组合或等同于航空器呼号的代码。

【词条英文】 Aircraft Identification

【来源】 国际民用航空组织《空中交通管理》Doc4444

【分类号】 20350103

航空器受损 航空器损坏程度低于航空器放行标准，仅轮胎损坏，或使用打磨、填充、粘贴金属胶带、补漆、冲洗、安装临时紧固件等方式进行临时修理后符号放行标准的情况除外。用于教学飞行且最大审定起飞重量低于 5 700 千克的航空器受损修复费用超过同类或同类可比新航空器价值 10%(含)的情况。

【词条英文】 Aircraft damage

【来源】 《中华人民共和国民用航空行业标准》《民用航空器征候等级划分办法》，2018 年 12 月 14 日发布的《民用航空器事故征候》(MH/T 2001-2018)自 2021 年 10 月 1 日起正式实施

【分类号】 10360003

航空器损伤 航空器损伤是指航空器（包括其部件和子系统）由于人为操纵或外部因素所导致、且需要修复或修理的系统安全性或物理完整性缺陷。例如，裂纹、断裂、变形、凹坑、刮痕、缺口、脱胶、分层、烧蚀、零部件缺失以及系统全部或部分失效等形式。

【来源】 《事件样例》（AC-396-08R2）

【分类号】 10250008

航空器停留 在地面停止对航空器位移操作后航空器的状态。

【词条英文】 Aircraft parking

【来源】 《中华人民共和国民用航空行业标准》（MH/T3011.1-2006）民用航空器轮档

【分类号】 20160001

航空器突发事件

（1）航空器失事；

（2）航空器空中遇险，包括故障、遭遇危险天气、危险品泄漏等；

（3）航空器受到非法干扰，包括劫持、爆炸物威胁等；

（4）航空器与航空器地面相撞或与障碍物相撞，导致人员伤亡或燃油泄漏等；

（5）航空器跑道事件，包括跑道外接地、冲出、偏出跑道；

（6）航空器火警；

（7）涉及航空器的其他突发事件。

【来源】 《民用运输机场突发事件应急救援管理规则》

【分类号】 10450004

航空器突发事件的应急救援响应等级

(1)原地待命:航空器空中发生故障等突发事件,但该故障仅对航空器安全着陆造成困难,各救援单位应当做好紧急出动的准备。

(2)集结待命:航空器在空中出现故障等紧急情况,随时有可能发生航空器坠毁、爆炸、起火、严重损坏,或者航空器受到非法干扰等紧急情况,各救援单位应当按照指令在指定地点集结;

(3)紧急出动:已发生航空器失事、爆炸、起火、严重损坏等情况,各救援单位应当按照指令立即出动,以最快速度赶赴事故现场。

【来源】《民用运输机场突发事件应急救援管理规则》

【分类号】 10450005

航空器维修区 供航空器维修用的全部场地和设施,包括机坪、机库、车间、航材库、危险品库、办公楼、停车场以及有关的道路。

【词条英文】 Aircraft maintenance area

【来源】《中华人民共和国民用航空行业标准》(MH/T3010.8-2006)民用航空器维修人员的行为规范

【分类号】 20460020

航空器维修人员 从事航空器、航空器部件维修和管理的所有人员。

【词条英文】 Aircraft maintenance personnel

【来源】《中华人民共和国民用航空行业标准》(MH/T3010.8-2006)民用航空器维修人员的行为规范

【分类号】 20460021

航空器运行 从任何人登上航空器准备飞行直至所有这类人员下了航空器为止的时间内所完成的飞行活动。

【词条英文】 Aircraft operation

【来源】 《国际民航组织技术文件有关名词解释》(MD-AS-2007-01)

【分类号】 20120006

航空器运行阶段 从任何人登上航空器准备飞行起至飞行结束这类人员离开航空器为止的过程。

【词条英文】 Aircraft Operation Phase

【来源】 《中华人民共和国民用航空行业标准》《民用航空器征候等级划分办法》,2018 年 12 月 14 日发布的《民用航空器事故征候》(MH/T 2001-2018)自 2021 年 10 月 1 日起正式实施、民用航空器维修管理规范 MHT 3010.3-2006

【分类号】 10360012

航空情报服务 提供规定区域内航行安全、正常和效率所必需的航空资料和数据的服务。

【词条英文】 Aeronautical Information Service

【来源】 民用航空情报工作规则(CCAR-175)

【分类号】 20350265

航空情报服务产品 以一体化航空情报系列资料为主要内容(其中包括航图,不包括航行通告及飞行前资料公告),采用印刷品或者相应的电子媒介方式提供的航空资料。

【词条英文】 AIS Product

【来源】 民用航空情报工作规则(CCAR-175)

【分类号】 20350266

航空人员 航空人员，是指下列从事民用航空活动的空勤人员和地面人员：

(1)空勤人员，包括驾驶员、飞行机械人员、乘务员；

(2)地面人员，包括民用航空器维修人员、空中交通管制员、飞行签派员、航空电台通信员。

【来源】《中华人民共和国民用航空法》(2021 年 4 月 29 日第六次修正)

【分类号】 20730015

航空摄影 使用民用航空器作为运载工具，通过搭载航空摄影仪、多光谱扫描仪、成像光谱仪和微波仪器(微波辐射计、散射计、合成孔径侧视雷达)等传感器对地观测，获取地球地表反射、辐射以及散射电磁波特性信息，用于测制各种比例尺的地形图、资源调查等的飞行活动。

【来源】《通用航空经营许可管理规定》(CCAR-290)

【分类号】 20150022

航空数据 与航空实情有关的数据，尤其是诸如空域结构、空域分类(管制的、非管制的、A 类、B 类、C 类……F 类、G 类)、管制机构名称、通信频率、航路、高度表过渡高度/飞行高度层、同地仪表程序(和由设计标准评估的空域)、磁不可靠区域、磁变方面的数据。

【词条英文】 Aeronautical data

【英文释义】 Data relating to aeronautical facts，such as，inter alia，airspace structure，airspace classifications (controlled，uncontrolled，Class A，B，C... F，G)，name of controlling agency，communication frequencies，airways/air routes，altimeter transition altitudes/flight levels，colocated instrument procedure (and its airspace as assessed by design criteria), area of magnetic unreliability, magnetic variation.

【来源】 国际民航组织《飞行程序设计质量保证手册》Doc9906

【分类号】 20350077

航空探矿 航空地球物理勘探的简称，是指使用装有或搭载专用探测仪器的民用航空器，通过从空中测量地球各种物理场（磁场、电磁场、重力场、放射性场等）的变化，了解地下地质情况和矿藏分布状况的飞行活动。

【来源】 《通用航空经营许可管理规定》(CCAR-290)

【分类号】 20150023

航空研究 对航空问题的研究，以确定一些可能的解决办法，并挑选一种可以接受而不降低安全的解决办法。

【词条英文】 Aeronautical Study

【来源】 《国际民航组织技术文件有关名词解释》(MD-AS-2007-01)

【分类号】 20720010

航空移动服务 航空电台和航空器之间或航空器电台之间，包括救生船舶电台也可参加的地空通信；紧急无线电示位信标台在指定的遇险和紧急频率上也可参加此种服务。

【词条英文】 Aeronautical mobile service

【来源】 《中国民用航空空中交通管理规则》(CCAR-93-R5)（交通运输部 2017 年第 30 号）

【分类号】 20350106

航空邮件 是指邮政企业通过航空运输方式寄递的信件、包裹等。

【来源】《民用航空安全检查规则》(CCAR-339-R1)

【分类号】 20550011

航空运输期间 是指在机场内、民用航空器上或者机场外降落的任何地点,托运行李、货物处于承运人掌管之下的全部期间。

航空运输期间,不包括机场外的任何陆路运输、海上运输、内河运输过程;但是,此种陆路运输、海上运输、内河运输是为了履行航空运输合同而装载、交付或者转运,在没有相反证据的情况下,所发生的损失视为在航空运输期间发生的损失。

【来源】《中华人民共和国民用航空法》(2021 年 4 月 29 日第六次修正)

【分类号】 20730026

航空运营人 指在中华人民共和国登记的公共航空运输企业、通用航空企业和从事民用航空飞行活动的其他单位。

【来源】 小型航空器商业运输运营人运行合格审定规则(CCAR-135)

【分类号】 20150138

航空资料 对航空数据进行收集、分析和整理后形成的资料。

【词条英文】 Aeronautical Information

【来源】 民用航空情报工作规则(CCAR-175)

【分类号】 20350264

航空资料定期颁发制 对运行活动需要做出重大调整的情况,应当按照共同生效日期提前发布通知的制度。

【词条英文】 Aeronautical Information Regulation and Control
【来源】 民用航空情报工作规则(CCAR-175)
【分类号】 20350275

航空资料汇编 由国家或者国家授权发行的,载有空中航行所必需的具有持久性质的航空资料出版物。
【词条英文】 Aeronautical Information Publication
【来源】 民用航空情报工作规则(CCAR-175)
【分类号】 20350267

航空资料汇编补充资料 以彩色纸张公布的,对航空资料汇编中的资料所做的临时性变更。
【词条英文】 AIP Supplement
【来源】 民用航空情报工作规则(CCAR-175)
【分类号】 20350268

航空资料汇编修订 对航空资料汇编的永久性变更。
【词条英文】 AIP Amendment
【来源】 民用航空情报工作规则(CCAR-175)
【分类号】 20350269

航空资料通报 按规定不需要签发航行通告或者编入航空资料汇编,但涉及安全、航行、技术、管理或者法律问题的资料通报。
【词条英文】 Aeronautical Information Circular
【来源】 民用航空情报工作规则(CCAR-175)
【分类号】 20350270

航空作业 使用航空器进行专业服务的航空器运行，如农业、建筑、摄影、测量、观察与巡逻、搜寻与援救、空中广告等。

【来源】 一般运行和飞行规则(CCAR-91-R2)

【分类号】 20150029

航路 ❶以空中航道形式建立的，设有无线电导航设施或者对沿该航道飞行的航空器存在导航要求的管制区域或者管制区的一部分。

【词条英文】 Airway

【来源】 民用航空使用空域办法(CCAR-71)

【分类号】 20350011

❷以走廊形式建立的、装设有无线电导航设施的管制区域或其一部分。

【词条英文】 Airway

【来源】 《中国民用航空空中交通管理规则》(CCAR-93-R5)(交通运输部 2017 年第 30 号)

【分类号】 20350013

航路备降机场 ❶是指当飞机在航路中遇到不正常或者紧急情况后，预先指定用以进行着陆的备降机场。

【来源】 《大型飞机公共航空运输承运人运行合格审定规则》(CCAR-121-R5)(交通运输部 2017 年第 29 号)

【分类号】 20150073

❷当航空器在航路中遇到不正常或者紧急情况后，用以进行着陆的备降机场。

【来源】 小型航空器商业运输运营人运行合格审定规则(CCAR-

135）

【分类号】 20150156

航线 航空器在空中飞行的预定路线，沿线须有为保障飞行安全所必需的设施。

【词条英文】 Air route

【来源】 民用航空使用空域办法（CCAR-71）、《国际民航组织技术文件有关名词解释》（MD-AS-2007-02）

【分类号】 20350009

航线临界点（不可返回点） 飞机能够从该点飞行到目的地机场以及特定飞行的可用航路备降机场的最后可能位置（地）点。

【来源】 《大型飞机公共航空运输承运人运行合格审定规则》（CCAR-121-R5）（交通运输部 2017 年第 29 号）

【分类号】 20150179

航线维修 按照航空营运人提供的工作单对航空器进行的例行检查和按照相应飞机发动机维护手册在航线进行故障和缺陷的处理，包括按照航空营运人机型最低设备清单和外形缺损清单保留故障和缺陷。

【词条英文】 Line Maintenance

【来源】 航空器航线维修 AC-145-06R1

【分类号】 20450013

航线运行模拟（LOS） 是指一个模拟的航线飞行环境，在这个情景中的内容都是设计用于测试机组成员的综合技术能力和机组资源管理能力。

【来源】《大型飞机公共航空运输承运人运行合格审定规则》(CCAR-121-R5)(交通运输部 2017 年第 29 号)

【分类号】 20150056

航线运行评估(LOE) 是指在模拟的航线飞行环境中,使用合格于高级训练大纲中的预定用途且经批准的设备,实施的训练或评估课程。

【来源】《大型飞机公共航空运输承运人运行合格审定规则》(CCAR-121-R5)(交通运输部 2017 年第 29 号)

【分类号】 20150053

航向 航空器纵轴所指的方向,通常以北(真北、磁北、罗盘北或者网格北)为基准,用"度"表示。

【词条英文】 Heading

【来源】《中国民用航空空中交通管理规则》(CCAR-93-R5)(交通运输部 2017 年第 30 号)、民用航空使用空域办法(CCAR-71)、国际民用航空组织《空中交通管理》Doc4444

【分类号】 20350038

合成视景系统(SVS) 一种对驾驶舱视野的外部景象过数据生成的合成图像进行显示的系统。合成视景系统由数据库组件、精密导航 组件、仪表数据界面和处理组件组成如果数据库和导航组件工作正常,该处理组件可以基于真实视景计算和"画"出前方虚拟视景使用 HUD 的 SVS 不是 EFVS。

【来源】《大型飞机公共航空运输承运人运行合格审定规则》(CCAR-121-R5)(交通运输部 2017 年第 29 号)

【分类号】 20150172

合适机场 是指达到第121.197条规定的着陆限制要求且局方批准合格证持有人使用的机场，它可能是下列两种机场之一：

(1)合适机场是经审定适合大型飞机公共航空运输承运人所用飞机运行的，或符合其运行所需等效安全要求的机场，但不包括只能为飞机提供救援和消防服务的机场；

(2)对民用开放的可用的军用机场。

【来源】 《大型飞机公共航空运输承运人运行合格审定规则》(CCAR-121-R5)(交通运输部2017年第29号)

【分类号】 20150070

核证 通过提供客观证据确认已达到了各项规定的要求。

【词条英文】 Verification

【英文释义】 Confirmation, through the provision of objective evidence, that specified requirements have been fulfilled.

【来源】 国际民航组织《飞行程序设计质量保证手册》Doc9906

【分类号】 20120026

恒定发光灯 从一个固定点观察时光强不变的灯。

【词条英文】 Fixed light

【英文释义】 A light having constant luminous intensity when observed from a fixed point.

【来源】 国际民航组织公约附件14《机场》《民用机场飞行区技术标准》(MH5001-2021)

【分类号】 20210017

滑行 航空器凭借自身动力在机场场面上的活动。不包括起飞和着陆，但包括直升机在机场场面上空有地面效应的高度内按滑行速度的飞行，即空中滑行。

【词条英文】 Taxing
【来源】 《中国民用航空空中交通管理规则》(CCAR-93-R5)(交通运输部2017年第30号)
【分类号】 20350247

滑行道 在机场设置供飞机滑行并将机场的一部分与其他部分之间连接的规定通道,包括平行滑行道、联络滑行道、机位滑行通道、机坪滑行道、快速出口滑行道和绕行滑行道等。机位滑行通道:机坪的一部分,仅供飞机进出机位滑行用的通道;机坪滑行道:滑行道系统的一部分但位于机坪上,供飞机穿越或通过机坪使用;快速出口滑行道:以锐角与跑道连接,供着陆飞机较快脱离跑道使用的滑行道;绕行滑行道:在跑道端以外设置的供飞机绕行的滑行道,以避免或减少飞机穿越跑道。
【词条英文】 Taxiway
【来源】 《民用机场飞行区技术标准》(MH5001-2021)
【分类号】 20260015

滑翔机 是指一种重于空气的航空器,其飞行升力主要由在给定飞行条件下保持不变的翼面上的空气动力反作用取得,通常无自身动力驱动,或者虽然有动力,但在自由飞行阶段不使用自身动力。
【来源】 《民用航空器驾驶员、飞行教员和地面教员合格审定规则》(CCAR-61R2)
【分类号】 20150188

环境 实现人、机器、软件系统特定功能的条件。
【词条英文】 Environment
【来源】 《中华人民共和国民用航空行业标准》(MH/T3010.18-

2006)维修人为因素方案指南

【分类号】 20460011

绘制地图 地球一部分及其人工地物和地形的图画,带有在一页纸上描绘的有适当参照的地形、水文、测高和人工地物的数据。

【词条英文】 Cartographic map

【英文释义】 A representation of a portion of the Earth, its culture and relief, with properly referenced terrain, hydrographic, hypsometric and cultural data depicted on a sheet of paper.

【来源】 国际民航组织《飞行程序设计质量保证手册》Doc9906

【分类号】 20120027

豁免 对于规章中没有明确允许偏离的条款,合格证持有人在提出恰当的理由、相应的安全措施并证明这些安全措施能保证同等安全水平的情况下,经中国民航总局批准,可以不执行相应的规章条款,而执行中国民航总局在作出此项批准时所列的规定、条件或者限制。豁免是遵守规章的一种替代做法,遵守所颁发的豁免及其条件和限制,就是遵守规章。

【来源】 《大型飞机公共航空运输承运人运行合格审定规则》(CCAR-121-R5)(交通运输部 2017 年第 29 号)、小型航空器商业运输运营人运行合格审定规则(CCAR-135)

【分类号】 20150075

活动区 飞行区内供航空器起飞、着陆、滑行和停放使用的部分,由机动区和机坪组成。

【词条英文】 Movement area

【来源】 《中国民用航空空中交通管理规则》(CCAR-93-R5)(交

通运输部 2017 年第 30 号)、《民用机场飞行区技术标准》(MH5001-2021)

【分类号】 20350210

火山通告 航行通告的一个专门系列,是以特定格式拍发的,针对可能影响航空器运行的火山活动变化、火山爆发和火山烟云的通告。

【词条英文】 ASHTAM

【来源】 民用航空情报工作规则(CCAR-175)

【分类号】 20350273

货物存放区 是指存放已经安全检查等候装入航空器的货物的区域。

【来源】 《民用航空运输机场航空安全保卫规则》(CCAR-329)

【分类号】 20550024

货运销售代理人 是指经经营人授权,代表经营人从事货物航空运输销售活动的企业。

【来源】 《民用航空危险品运输管理规定》(CCAR-276-R1)

【分类号】 20650004

I

ILS 临界/敏感区 临界区:位于航向信标和下滑信标附近规定的区域,ILS 运行过程中该区域的车辆、航空器会对 ILS 空间信号造成严重干扰。敏感区:为临界区延伸的区域,ILS 运行过程中车辆、航空器等在该区域的停放和活动必须受到管制,以防止可能对 ILS 空间信号的干扰。

【来源】 《民用机场飞行区技术标准》(MH5001—2021)

【分类号】 20260055

J

机场 ❶陆上或水上的一块划定区域(包括所有建筑物、设施和设备),其全部或部分供航空器着陆、起飞和地面活动之用。

【词条英文】 Aerodrome

【英文释义】 A defined area on land or water(including any buildings, installations and equipment) intended to be used either wholly or in part for the arrival, departure and surface movement of aircraft.

【来源】 国际民航组织公约附件 14《机场》《民用机场飞行区技术标准》(MH5001-2021)

【分类号】 20210018

❷在陆地上或水面上一块划定的区域(包括各种建筑物、装置和设备)其全部或部分供航空器起飞、降落、滑行、停放以及进行其他活动之用。

【词条英文】 Aerodrome

【来源】 《国际民航组织技术文件有关名词解释》(MD-AS-2007-01)

【分类号】 20220001

❸供航空器起飞、降落、滑行、停放以及进行其他活动使用的划定区域,包括复数的建筑物、装置和设施。

【词条英文】 Aerodrome

【来源】 国际民用航空组织《空中交通管理》Doc4444、民用航空使用空域办法(CCAR-71)、《中国民用航空空中交通管理规则》(CCAR-93-R5)(交通运输部 2017 年第 30 号)

【分类号】 20320001

机场标高

❶着陆区内最高点的标高。

【词条英文】 Aerodrome elevation

【英文释义】 The elevation of the highest point of the landing area.

【来源】 国际民航组织公约附件14《机场》

【分类号】 20210019

❷机场可用跑道中最高点的标高。

【词条英文】 Aerodrome elevation

【来源】 《民用机场飞行区技术标准》(MH5001-2021)

【分类号】 20260017

机场灯标

用以从空中指示机场位置的航空灯标。

【词条英文】 Aerodrome beacon

【英文释义】 Aeronautical beacon used to indicate the location of an aerodrome from the air.

【来源】 国际民航组织公约附件14《机场》《民用机场飞行区技术标准》(MH5001-2021)

【分类号】 20210020

机场地图数据(AMD)

为汇编供航空使用的机场地图信息之目的收集的数据。

【词条英文】 Aerodrome mapping data (AMD)

【英文释义】 Data collected for the purpose of compiling aerodrome mapping information for aeronautical uses.

【来源】 国际民航组织公约附件14《机场》

【分类号】 20210021

机场地图数据库(AMDB) 一套按照结构化数据集组织和安排的机场地图数据。

【词条英文】 Aerodrome mapping database (AMDB)

【英文释义】 A collection of aerodrome mapping data organized and arranged as a structured data set.

【来源】 国际民航组织公约附件14《机场》

【分类号】 20210022

机场飞行的最低标准 一个机场可用于起飞或者着陆的限制,通常以能见度或者跑道视程、决断高度(高)或者最低下降高度(高)和云底高度表示。

【词条英文】 Aerodrome operating minimum

【来源】 《国际民航组织技术文件有关名词解释》(MD-AS-2007-01)

【分类号】 20220002

机场管理机构 是指依法组建的或者受委托的负责机场安全和运营管理的具有法人资格的机构。

【来源】 《运输机场使用许可规定》(交通运输部令2019年第25号)

【分类号】 20260061

机场管制服务 为机场交通提供的空中交通管制服务。

【词条英文】 Aerodrome control service

【来源】 《中国民用航空空中交通管理规则》(CCAR-93-R5)(交通运输部2017年第30号)、国际民用航空组织《空中交通管理》Doc4444、《国际民航组织技术文件有关名词解释》(MD-AS-2007-

J

01）
【分类号】 20320002

机场活动 航空器在活动区的活动。
【词条英文】 Aerodrome Movement
【来源】 国际民用航空组织《空中交通管理》Doc4444
【分类号】 20320003

机场活动区 机场内用于航空器起飞、着陆以及与此有关的地面活动区域，包括跑道、滑行道、机坪等。
【词条英文】 Airport movement area
【来源】 《中华人民共和国民用航空行业标准》（MH/T2001-2019）民用航空器事故征候
【分类号】 10360004

机场基准点 ❶机场标定的地理位置。
【词条英文】 Aerodrome reference point
【英文释义】 The designated geographical location of an aerodrome.
【来源】 国际民航组织公约附件 14《机场》
【分类号】 20210023

❷表示机场地理位置的指定点。
【词条英文】 Aerodrome reference point
【来源】 《民用机场飞行区技术标准》（MH5001-2021）
【分类号】 20260019

机场及其邻近区域 机场围界以内以及距机场每条跑道

中心点8公里范围内的区域。

【来源】《民用运输机场突发事件应急救援管理规则》

【分类号】 10450006

机场交通

在机场机动区内的一切交通以及在机场附近所有航空器的飞行。在机场附近所有航空器的飞行是指已加入、正在进入和脱离起落航线的航空器的飞行。

【词条英文】 Aerodrome traffic

【来源】《中国民用航空空中交通管理规则》(CCAR-93-R5)(交通运输部2017年第30号)、《国际民航组织技术文件有关名词解释》(MD -AS -2007-01)、国际民用航空组织《空中交通管理》Doc4444

【分类号】 20350016

机场交通地带

为保护机场交通而环绕机场划定的空域。

【词条英文】 Aerodrome traffic zone

【来源】《中国民用航空空中交通管理规则》(CCAR-93-R5)(交通运输部2017年第30号)、《国际民航组织技术文件有关名词解释》(MD-AS-2007-01)

【分类号】 20350019

机场交通密度

(1) 低 每条跑道平均繁忙小时起降架次不超过15架次,或者平均繁忙小时机场总起降架次一般不超过20架次。

(2) 中 每条跑道平均繁忙小时起降架次达到16至25架次,或者平均繁忙小时机场总起降架次一般为20至35架次。

(3) 高 每条跑道平均繁忙小时起降架次达到26架次或更多,或者平均繁忙小时机场总起降架次一般超过35架次。

【注 1】 平均繁忙小时运行架次是全年每天最繁忙小时运行架次的算术平均值。

【注 2】 一次起飞或一次着陆构成一次运行。

【词条英文】 Aerodrome traffic density

【英文释义】

(1) Light. Where the number of movements in the mean busy hour is not greater than 15 per runway or typically less than 20 total aerodrome movements.

(2) Medium. Where the number of movements in the mean busy hour is of the order of 16 to 25 per runway or typically 20 to 35 total aerodrome movements.

(3) Heavy. Where the number of movements in the mean busy hour is of the order of 26 or more per runway or typically more than 35 total aerodrome movements.

【来源】 国际民航组织公约附件 14《机场》《国际民航组织技术文件有关名词解释》(MD-AS-2007-01)、《民用机场飞行区技术标准》(MH5001-2021)

【分类号】 20210024

机场净空/机场净空区

❶为保障飞机起降安全而规定的障碍物限制面以上的空间,用以限制机场及其周围地区障碍物的高度。

【词条英文】 aerodrome obstacle free space

【来源】 《民用机场飞行区技术标准》(MH5001-2021)

【分类号】 20260020

❷为保障飞机起降安全而规定的障碍物限制面以上的空间,用以限制机场及其周围地区障碍物的高度。

【词条英文】 Aerodrome obstacle free zone

【来源】 《国际民航组织技术文件有关名词解释》(MD-AS-2007-01)
【分类号】 20220006

机场控制区 是指根据安全需要在机场内划定的进出受到限制的区域。
【来源】 《民用航空运输机场航空安全保卫规则》(CCAR-329)
【分类号】 20550023

机场起落航线 在机场附近航空器运行所遵循的规定航迹。
【词条英文】 Aerodrome Traffic Circuit
【来源】 国际民用航空组织《空中交通管理》Doc4444
【分类号】 20320005

机场区域 是指机场和为该机场划定的一定范围的设置各种飞行空域的空间。
【词条英文】 Aerodrom Area
【来源】 《中国民用航空空中交通管理规则》(CCAR-93-R5)(交通运输部 2017 年第 30 号)
【分类号】 20350292

机场区域应急救援方格网图 图示范围应当为本规则第三条所明确的机场及其邻近地区。该图除应当准确标明机场跑道、滑行道、机坪、航站楼、围场路、油库等设施外,应当重点标明消防管网及消防栓位置、消防水池。
【来源】 《民用运输机场突发事件应急救援管理规则》
【分类号】 10450007

机场识别标记牌 为帮助从空中识别机场而设置于机场内的标记。

【词条英文】 Aerodrome identification sign

【英文释义】 A sign placed on an aerodrome to aid in identifying the aerodrome from the air.

【来源】 国际民航组织公约附件14《机场》《国际民航组织技术文件有关名词解释》(MD-AS-2007-01)、《民用机场飞行区技术标准》(MH5001-2021)

【分类号】 20210025

机场手册 构成申请机场合格证的安全保证的一部分，其中包含国家合格审定要求的所需材料以及机场运行人员履行职责中所使用材料的手册。

【词条英文】 Aerodrome Manual

【来源】 《国际民航组织技术文件有关名词解释》(MD-AS-2007-01)

【分类号】 20220008

机场数据 与一机场有关的数据，包括跑道、滑行道、建筑物、装置、设备、设施和本地程序的各方面、坐标、标高和其他有关详细资料。

【词条英文】 Aerodrome data

【英文释义】 Data relating to an aerodrome including the dimensions, co-ordinates, elevations and other pertinent etails of runways, taxiways, buildings, installations, equipment, facilities and local procedures.

【来源】 国际民航组织《飞行程序设计质量保证手册》Doc9906

【分类号】 20120024

机场消防保障等级 机场所具备的与使用该机场最高类

别的航空器相对应的消防救援能力。

【词条英文】 The classification of fire-fighting station at airport

【来源】 《民用航空运输机场飞行区消防设施》(MH/T 7015—2007)

【分类号】 20260060

机场消防站 设立在航空器活动区适当位置,具有相应的消防设备,承担发生在机场或其紧邻地区的航空事故或航空地面事故及其他消防救援任务的机构。

【词条英文】 The fire-fighting station at air port

【来源】 《民用航空运输机场飞行区消防设施》(MH/T 7015—2007)

【分类号】 20260059

机场许可证 由主管当局根据适用的规章颁发的机场运行许可证。

【词条英文】 Aerodrome certificate

【英文释义】 A certificate issued by the appropriate authority under applicable regulations for the operation of an aerodrome.

【来源】 国际民航组织公约附件 14《机场》《国际民航组织技术文件有关名词解释》(MD-AS-2007-01)

【分类号】 20210026

机场运行最低标准 ❶指机场用于起飞和着陆时的条件限制。对于起飞,用能见度和/或者跑道视程以及云高(需要时)来表示;对于精密进近和着陆运行中的着陆,用与相应运行类型对应的能见度和/或者跑道视程,以及决断高度(DA)/决断高(DH)来表示;对于非精密进近和着陆运行中的着陆,用能见度和/或者跑

J

道视程、最低下降高度(MDA)/最低下降高(MDH)以及云高(需要时)来表示。

【词条英文】 Aerodrome Operating Minima

【来源】 《大型飞机公共航空运输承运人运行合格审定规则》(CCAR-121-R5)(交通运输部 2017 年第 29 号)、小型航空器商业运输运营人运行合格审定规则(CCAR-135)

【分类号】 20150077

❷机场上可供航空器起飞或着陆的最低条件。

【注】 机场运行最低标准一般以能见度、跑道视程、决断高度、最低下降高度及云底高等条件表示。

【词条英文】 Aerodrome Operating Minima

【来源】 国际民用航空组织《空中交通管理》Doc4444

【分类号】 20320006

机动区 飞行区内供航空器起飞、着陆和滑行的部分,不包括机坪。

【词条英文】 Manuevoring area

【来源】 民用航空使用空域办法(CCAR-71)、国际民用航空组织《空中交通管理》Doc4444、《中国民用航空空中交通管理规则》(CCAR-93-R5)(交通运输部 2017 年第 30 号)、《民用机场飞行区技术标准》(MH5001-2021)

【分类号】 20350048

机坪 陆地机场上供航空器上下旅客、装卸邮件或货物、加油、停放或维修之用的一块划定区域。

【词条英文】 Apron

【英文释义】 A defined area, on a land aerodrome, intended to accommodate aircraft for purposes of loading or unloading passengers, mail or cargo, fuelling, parking or maintenance.

【来源】 国际民航组织公约附件 14《机场》《中华人民共和国民用航空行业标准》《民用机场飞行区技术标准》(MH5001-2021)、(MH/T3011.3-2006)民用航空器的牵引、国际民用航空组织《空中交通管理》Doc4444

【分类号】 20210027

机坪管理单位 机坪上负责提供地面交通服务的单位。

【词条英文】 Apron Management Unit

【来源】 国际民用航空组织《空中交通管理》Doc4444

【分类号】 20320009

机坪管理勤务 为管理航空器和车辆在机坪上活动和移动而提供的勤务。

【词条英文】 Apron management service

【英文释义】 A service provided to regulate the activities and the movement of aircraft and vehicles on an apron.

【来源】 国际民航组织公约附件 14《机场》

【分类号】 20210028

机坪滑行道 位于机坪上供航空器滑行穿过机坪的通道。

【词条英文】 Ramp taxiway

【来源】 《中华人民共和国民用航空行业标准》(MH/T3011.3-2006)民用航空器的牵引

【分类号】 20160006

机上人员 牵引航空器时，在航空器上进行操作的机组人员或维修人员。

【词条英文】 On board personnel

【来源】《中华人民共和国民用航空行业标准》(MH/T3011.3-2006)民用航空器的牵引

【分类号】 20160007

机位滑行道 机坪上只作为供航空器进入机位用地滑行道。

【词条英文】 Parking area taxiway

【来源】《中华人民共和国民用航空行业标准》(MH/T3011.3-2006)民用航空器的牵引

【分类号】 20160008

机长 ❶是指经合格证持有人指定,在飞行时间内对航空器的运行和安全负最终责任的驾驶员。

【来源】《大型飞机公共航空运输承运人运行合格审定规则》(CCAR-121-R5)(交通运输部2017年第29号)、小型航空器商业运输运营人运行合格审定规则(CCAR-135)

【分类号】 20150079

❷是指由经营人指定的在飞行中负有指挥职能并负责飞行安全操作的驾驶员。

【来源】《民用航空危险品运输管理规定》(CCAR-276-R1)

【分类号】 20650007

机组必需成员 为完成按本规则运行符合最低配置要求的机组成员。

【来源】《大型飞机公共航空运输承运人运行合格审定规则》

(CCAR-121-R5)(交通运输部 2017 年第 29 号)

【分类号】 20150169

机组成员 ❶由经营人指定在飞行执勤期内在航空器上担任勤务的人。

【词条英文】 Crew member

【来源】 《国际民航组织技术文件有关名词解释》(MD-AS-2007-01)

【分类号】 20120007

❷指飞行期间在飞机上执行任务的航空人员,包括飞行机组成员和客舱乘务员。

【词条英文】 Crew member

【来源】 《大型飞机公共航空运输承运人运行合格审定规则》(CCAR-121-R5)(交通运输部 2017 年第 29 号)、小型航空器商业运输运营人运行合格审定规则(CCAR-135)

【分类号】 20150081

❸指在飞行中民用航空器上执行任务的驾驶员、乘务员、航空安全员和其他空勤人员。

【来源】 《公共航空旅客运输飞行中安全保卫工作规则》(CCAR-332-R2)

【分类号】 20550002

机组资源管理 是指机组成员的所有可用资源(包括机组成员彼此之间)的有效利用,以实现安全有效地飞行。

【来源】 《大型飞机公共航空运输承运人运行合格审定规则》(CCAR-121-R5)(交通运输部 2017 年第 29 号)

【分类号】 20150039

基线转弯 航空器在起始进近阶段，在背台航迹末端和中间进近或最后进近航迹开始之间所作的转弯。

【词条英文】 Base Turn

【来源】 国际民用航空组织《空中交通管理》Doc4444

【分类号】 20320010

基于性能的导航 PBN规定了航空器再指定空域内或者沿ATS航路、仪表程序飞行的系统性能要求，包括导航的精度、完整性、可用性和所需功能。

【词条英文】 PBN

【来源】 《RNAV5运行批准指南》(AC-91-8)

【分类号】 20150201

基准方向 以度为单位，由传声器生产厂规定的相对于0°声入射角的声入射方向，在该方向上传声器的自由场灵敏度水平在指定的容差范围内。

【来源】 航空器型号和适航合格审定噪声规定(CCAR-36-R1)

【分类号】 20450008

基准级差 以dB为单位，对于一个规定的频率，在某个级程上测得的相对校准声压级电输入信号的级差，可根据级程做适当的调整。

【来源】 航空器型号和适航合格审定噪声规定(CCAR-36-R1)

【分类号】 20450013

基准级程 以 dB 为单位，包含校准声压级，用于确定测量系统声学灵敏度的级程。

【来源】 航空器型号和适航合格审定噪声规定(CCAR-36-R1)

【分类号】 20450010

激光束临界飞行区(LCFZ) 靠近某一机场，但在无激光束飞行区之外的空域，在该空域内激光辐射照度被限制在不太可能产生眩目效应的程度。

【词条英文】 Laser-beam critical flight zone (LCFZ)

【英文释义】 Airspace in the proximity of an aerodrome but beyond the LFFZ where the irradiance is restricted to a level unlikely to cause glare effects.

【来源】 国际民航组织公约附件 14《机场》

【分类号】 20210030

激光束敏感飞行区(LSFZ) 在无激光束飞行区和激光束临界飞行区之外，但不一定与这些飞行区相毗邻的空域，在该空域内激光辐射照度被限制在不太可能导致瞬时盲或视觉暂留效应的程度。

【词条英文】 Laser-beam sensitive flight zone (LSFZ)

【英文释义】 Airspace outside, and not necessarily contiguous with, the LFFZ and LCFZ where the irradiance is restricted to a level unlikely to cause flash-blindness or after-image effects.

【来源】 国际民航组织公约附件 14《机场》

【分类号】 20210031

级差 以 dB 为单位，是指对于任一三分之一频程的中心频率，在某一级程上测得的输出信号级与相应的电输入信号级的差。

J

【来源】 航空器型号和适航合格审定噪声规定(CCAR-36-R1)

【分类号】 20450012

级程 以 dB 为单位,是测量系统在对声压信号进行记录和三分之一倍频程分析时,调节装置不同的设定所对应的工作范围,任何特定级程的上限必须四舍五入为最接近的分贝数。

【来源】 航空器型号和适航合格审定噪声规定(CCAR-36-R1)

【分类号】 20450015

级非线性 对于规定的三分之一倍频程中心频率,在任意级程上测定的级差减去相应的基准级差,所有的输入输出信号都与相同的基准量相关,以 dB 为单位。

【来源】 航空器型号和适航合格审定噪声规定(CCAR-36-R1)

【分类号】 20450014

极严重结冰 冰快速累积以至于结冰保护系统不能除掉积累的冰,在通常不容易形成结冰的位置积冰,例如受保护表面的尾部区域或制造商确定的其他区域,必须从这种环境中马上脱离。

【词条英文】 Extreme Severe Icing

【来源】 飞行员低温冰雪运行指南

【分类号】 20150123

集合包装 是指为便于作业和装载,一个托运人用于装入一个或者多个包装件并组成一个操作单元的一个封闭物,此定义不包括集装器。

【来源】 《民用航空危险品运输管理规定》(CCAR-276-R1)

【分类号】 20650012

集结待命 航空器在空中出现故障等紧急情况，随时有可能发生航空器坠毁、爆炸、起火、严重损坏，或者航空器受到非法干扰等紧急情况，各救援单位应当按照指令在指定地点集结。

【来源】《民用运输机场突发事件应急救援管理规则》

【分类号】 10450008

集装器 是指任何类型的货物集装箱、航空器集装箱、带网的航空器托盘或者带网集装棚的航空器托盘，此定义不包括集合包装。

【来源】《民用航空危险品运输管理规定》(CCAR-276-R1)

【分类号】 20650013

计划小时数 是指一个典型学员完成一段课程(包括为达到要求的熟练程度而需进行的所有教学、演示、实践和评估)时预计需要花费的总时间，该时间在课程提纲中予以规定。

【来源】《大型飞机公共航空运输承运人运行合格审定规则》(CCAR-121-R5)(交通运输部 2017 年第 29 号)

【分类号】 20150058

绩效 可测量的结果。

【注 1】 绩效可能涉及定量或定性的发现。结果可由定量或定性的方法来确定或评价。

【注 2】 绩效可能涉及活动、过程、产品(包括服务)、体系或组织的管理。

【词条英文】 Performance

【来源】《职业健康安全管理体系 要求及使用指南》(GB/T 45001-2020/ISO 45001：2018)

【分类号】 10560016

J

绩效标准 对能力要素要求的结果的简单评价说明和对用于判断是否达到要求的绩效水平标准的描述。

【词条英文】 Performance criteria

【来源】 国际民航组织《飞行程序设计质量保证手册》Doc9906

【分类号】 20150129

加班 是指空运企业按规定的航线、日期、时刻经营的定期飞行活动。

J

【来源】 《中国民用航空国内航线经营许可规定》(CCAR-289TR-R1)

【分类号】 20650050

家属 是指与民用航空器飞行事故罹难者、幸存者、失踪者有下列关系的人员：配偶、子女、父母；兄弟姐妹、祖父母、外祖父母。

【来源】 《民用航空器飞行事故应急反应和家属援助规定》(CCAR-399)

【分类号】 10450021

监察员/检查员 ❶民用航空行政执法人员，称为中国民用航空监察员（简称监察员），是指按照《中国民用航空监察员管理规定》取得监察员资格的民航各级行政机关公务员。

2014年修订的《中国民用航空监察员规定》(CCAR-18-R3)，将监察员分为安全监管、经济监管、综合监管和督导四类，承担对民航法律、法规、规章的贯彻执行情况进行检查监督等四项职责，负有制止违法行为等六项权限。

【来源】 《中国民用航空监察员管理规定》(CCAR18R3)、《中国民航航空安全方案》(CCAR398)

【分类号】 10120024

❷经培训并被授权进行检查的人员。

【词条英文】 Inspector

【来源】 《国际民航组织技术文件有关名词解释》(MD-AS-2007-01)

【分类号】 10120021

监察员证 民航各级行政机关公务员依法对公民、法人或者其他组织从事民用航空活动实施行政管理,行使行政执法权的资格证明。

【来源】 《中国民用航空监察员管理规定》(CCAR18R3)

【分类号】 10120025

监管职能量化指标 包括:规章标准的完备性、监察人员配置和监管力度等。

【来源】 《中国民航航空安全方案》(CCAR398)

【分类号】 10120015

监视 确定体系、过程或活动的状态。

【注释】 为了确定状态,可能需要检查、监督或批判地观察。

【词条英文】 Monitoring

【来源】 《职业健康安全管理体系 要求及使用指南》(GB/T 45001-2020/ISO 45001:2018)

【分类号】 10560047

检查 审计的基本活动,涉及对被审计缔约国安全监督计划具体特征的检查。

【词条英文】 Inspection

【来源】 《安全监督审计手册》Doc9735 号文件

【分类号】 10120023

健康损害 可确认的、由工作活动和工作相关状态引起或加重的身体和精神的不良状态。

【词条英文】 Ill health

【来源】 《职业健康安全管理体系》(GBT 28001-2011)

【分类号】 10560008

交叉定位点容差区 是由用以交叉定位的导航设施在该点的容差所组成的区域。

【来源】 民用航空使用空域办法(CCAR-71)

【分类号】 20350081

交叉飞行 表示两架航空器之间航迹夹角在45°～135°之间的飞行。

【词条英文】 Cross aircraft

【来源】 《中国民用航空空中交通管理规则》(CCAR-93-R5)(交通运输部2017年第30号)

【分类号】 20350174

交通避让通告 由空中交通服务单位提供的指定机动飞行,以协助驾驶员避免相撞的通告。

【词条英文】 Traffic avoidance advice

【来源】 《中国民用航空空中交通管理规则》(CCAR-93-R5)(交通运输部2017年第30号)、《国际民航组织技术文件有关名词解释》(MD-AS-2007-01)

【分类号】 20350021

交通情报 由空中交通服务单位发出的情报,告诫航空器驾驶员可能在其位置或预定航线附近存在其他已知的或可以观察到的空中交通，以协助航空器驾驶员避免相撞。

【词条英文】 Traffic information

【来源】 《中国民用航空空中交通管理规则》(CCAR-93-R5)(交通运输部 2017 年第 30 号)、《国际民航组织技术文件有关名词解释》(MD-AS-2007-01)

【分类号】 20350253

较小后果的指标 关于监控和衡量发生较小后果之事件或活动的安全绩效指标，如事故征候、不一致的结果或偏差。较小后果的指标有时被称之为主动性、预测性指标。

【词条英文】 Lower-consequence indicators/Minor consequences

【英文释义】 Safety performance indicators pertaining to the monitoring and measurement of lower-consequence occurrences, events or activities such as incidents, non-conformance findings or deviations. Lower-consequence indicators are sometimes referred to as proactive /predictive indicators.

【来源】 国际民用航空组织《安全管理手册》Doc9859 第三版

【分类号】 10520016

教学系统开发 是指用于开发或修订资格标准和相关课程内容的系统方法，该方法是以有文件记录的，对岗位熟练程度所要求的任务、技能和知识进行的分析为基础。

【来源】 《大型飞机公共航空运输承运人运行合格审定规则》(CCAR-121-R5)(交通运输部 2017 年第 29 号)

【分类号】 20150049

校准检查频率 由声校准器产生的正弦声压信号的标称频

率，以 Hz 为单位。

【来源】 航空器型号和适航合格审定噪声规定(CCAR-36-R1)

【分类号】 20450011

校准声压级 在基准环境条件下用于确定整个测量系统声灵敏度的声音校准器耦合腔中产生的声压级，以 dB 为单位。

【来源】 航空器型号和适航合格审定噪声规定(CCAR-36-R1)

【分类号】 20450009

接地带 供着陆飞机越过跑道入口后，最早接触的那部分跑道。

【词条英文】 Touchdown zone

【来源】《民用机场飞行区技术标准》(MH 5001—2021)

【分类号】 20260063

接地点 ❶理论上的下滑道切入跑道的区域。

【词条英文】 Touchdown

【来源】 国际民用航空组织《空中交通管理》Doc4444

【分类号】 20320011

❷预定下滑道和跑道相交的一点，或者精密进近雷达下滑道与着陆道面相关的一点。

【词条英文】 Touchdown

【来源】《中国民用航空空中交通管理规则》(CCAR-93-R5)(交通运输部 2017 年第 30 号)

【分类号】 20350023

接收单位 接受航空器并继续对其管制的空中交通管制

单位。

【词条英文】 Acceptingb Unit

【来源】《中国民用航空空中交通管理规则》(CCAR-93-R5)(交通运输部 2017 年第 30 号)

【分类号】 20350025

接收机自主完好性监视 RAIM 是机载增强系统(ABAS)的一种方式，它只使用 GPS 信号或利用气压高度辅助来确定 GPS 导航信号的完好性。这种技术是通过检验冗余伪距测量的一致性来实现的。接收机/处理器要执行 RAIM 功能，除了定位所需的卫星外，还至少需要接收到另外一颗合适几何构型的卫星信号。

【词条英文】 RAIM

【来源】《RNAV5 运行批准指南》(AC-91-8)

【分类号】 20150204

紧急出动 已发生航空器失事、爆炸、起火、严重损坏等情况，各救援单位应当按照指令立即出动，以最快速度赶赴事故现场。

【来源】《民用运输机场突发事件应急救援管理规则》

【分类号】 10450009

紧急阶段 根据情况可以是情况不明阶段、告警阶段或遇险阶段的一个通称。

【词条英文】 Emergency phase

【来源】《中国民用航空空中交通管理规则》(CCAR-93-R5)(交通运输部 2017 年第 30 号)、《国际民航组织技术文件有关名词解释》(MD-AS-2007-01)

【分类号】 20350182

进近管制服务 对进场或离场受管制的飞行提供空中交通管制服务。

【词条英文】 Approach control service

【来源】《中国民用航空空中交通管理规则》(CCAR-93-R5)(交通运输部 2017 年第 30 号)、国际民用航空组织《空中交通管理》Doc4444、《国际民航组织技术文件有关名词解释》(MD-AS-2007-01)

【分类号】 20350156

进近管制室 为一个或几个机场受管制的进离场航空器提供空中交通管制服务而设置的单位。

【词条英文】 Approach Control Office

【来源】《中国民用航空空中交通管理规则》(CCAR-93-R5)(交通运输部 2017 年第 30 号)

【分类号】 20350027

进近入口 在最后进近航迹上，离跑道入口 9 千米的一点或离最后进近定位点(向远离机场方向)2 千米的一点，此两点中离跑道较远的一点为进近入口。

【词条英文】 Approach gate

【来源】《中国民用航空空中交通管理规则》(CCAR-93-R5)(交通运输部 2017 年第 30 号)

【分类号】 20350154

进近顺序 准许两架或多架航空器进近着陆的次序。

【词条英文】 Approach Sequence

【来源】 国际民用航空组织《空中交通管理》Doc4444
【分类号】 20350109

近似平行跑道 跑道中心线延长线的收敛或散开角不大于15°的非交叉跑道。
【来源】《民用机场飞行区技术标准》(MH5001-2021)
【分类号】 20260046

经停站 执管航空器的维修基地以外的国内外和地区的民用航空港。
【词条英文】 Transit station
【来源】《中华人民共和国民用航空行业标准》(MH/T3010.2-2006)民用航空器在经停站发生故障的处理
【分类号】 20460015

经营人 ❶是指以营利为目的的使用民用航空器从事旅客、行李、货物、邮件运输的公共航空运输企业,包括国内经营人和外国经营人。
【来源】《民用航空危险品运输管理规定》(CCAR-276-R1)
【分类号】 20650002

❷是指损害发生时使用民用航空器的人。民用航空器的使用权已经直接或者间接地授予他人,本人保留对该民用航空器的航行控制权的,本人仍被视为经营人。

经营人的受雇人、代理人在受雇、代理过程中使用民用航空器,无论是否在其受雇、代理范围内行事,均视为经营人使用民用航空器。民用航空器登记的所有人应当被视为经营人,并承担经营人的责任;除非在判定其责任的诉讼中,所有人证明经营人是他人，并在法律程序许可的范围内采取适当措施使该人成为诉讼当事人之一。

【来源】《中华人民共和国民用航空法》(2021 年 4 月 29 日第六次修正)

【分类号】 20730025

经营人所在国 经营人主要业务地点所在国家，如无这种主要业务所在地，则经营人永久地址所在国即为经营人所在国。

【词条英文】 State of the operator

【来源】《国际民航组织技术文件有关名词解释》(MD-AS-2007-01)

【分类号】 20720011

精密进近 使用仪表着陆系统或精密进近雷达等系统提供方位和下滑引导的仪表进近。

【词条英文】 Precision approach

【来源】《中国民用航空空中交通管理规则》(CCAR-93-R5)(交通运输部 2017 年第 30 号)、国际民用航空组织《空中交通管理》Doc4444、《国际民航组织技术文件有关名词解释》(MD-AS-2007-01)

【分类号】 20350215

精密进近和着陆运行 是指使用精确的方位和下滑道指引的仪表进近和着陆，其最低标准由相应的运行类型(分为 I、II、IIIA、IIIB、IIIC 等类型)确定。

【来源】《大型飞机公共航空运输承运人运行合格审定规则》(CCAR-121-R5)(交通运输部 2017 年第 29 号)

【分类号】 20150119

精密仪表进近 使用仪表着陆系统(ILS)或者精密仪表进近雷达(PAR)提供方位和下滑引导的进近。

【来源】 小型航空器商业运输运营人运行合格审定规则(CCAR-135)

【分类号】 20150153

精确度 估计值或测量值与真值的相符程度。

【词条英文】 Accuracy

【来源】 《民用机场飞行区技术标准》(MH5001-2021)

【分类号】 20260039

径向方位 以甚高频无线电全向信标为中心辐射出的磁方位。

【词条英文】 Radial

【来源】 《中国民用航空空中交通管理规则》(CCAR-93-R5)(交通运输部 2017 年第 30 号)

【分类号】 20350234

净距 两物体最近两点间的水平距离。

【词条英文】 Net clearance

【来源】 《中华人民共和国民用航空行业标准》(MH/T3011.2-2006)民用航空器的停放与系留

【分类号】 20160002

净空道 ❶在有关主管当局管理下,经选定或整备的可供飞机在其上空进行部分起始爬升至规定高度的陆地或水上划定的一块长方形区域。

【词条英文】 Clearway

【英文释义】 A defined rectangular area on the ground or water under the control of the appropriate authority, selected or prepared as a suitable area over which an aeroplane may make a portion of its initial climb to a specified height.

【来源】 国际民航组织公约附件 14《机场》

【分类号】 20210032

❷经选定或整备的可供飞机在其上空进行部分起始爬升至规定高度的陆地或水上划定的一块长方形区域。

【词条英文】 Clearway

【来源】《民用机场飞行区技术标准》(MH5001-2021)

【分类号】 20260024

静电释放 当带电体周围的场强超过周围介质的绝缘击穿场强时,因介质产生电离而使带电体上得电荷部分或全部消失的现象。

【词条英文】 Electrostatic discharge

【来源】《中华人民共和国民用航空行业标准》(MH/T3010.17-2006)民用航空器防静电维护

【分类号】 20460005

静电释放敏感器材 由于静电释放通过或穿过器材表面,从而改变物理特性或电子特性的器材。

【词条英文】 Electrostatic discharge sensitive device

【来源】《中华人民共和国民用航空行业标准》(MH/T3010.17-2006)民用航空器防静电维护

【分类号】 20460006

纠正措施 为消除不符合或事件的原因并防止再次发生而采取的措施。

【词条英文】 Correctioe action

【来源】 《职业健康安全管理体系 要求及使用指南》(GB/T 45001—2020/ISO 45001：2018)

【分类号】 10560052

救生型应急定位发射机 是指可以从飞机上取下来，其存储方式易于在紧急情况下取用，并且通过幸存者以人工方式激活的应急定位发射机。

【来源】 《大型飞机公共航空运输承运人运行合格审定规则》(CCAR-121-R5)(交通运输部 2017 年第 29 号)

【分类号】 20150180

救援协调中心 负责督促并有效的组织本搜寻救援区内搜寻和救援服务、协调搜寻和救援工作的实施单位。

【词条英文】 Rescue Co-ordination Centre

【来源】 《中国民用航空空中交通管理规则》(CCAR-93-R5)(交通运输部 2017 年第 30 号)

【分类号】 20350028

决断高度(DA)/决断高(DH) 在精密进近中规定的一个高度或高。在这个高度或高上，如果没有取得继续进近所要求的目视参考，应当开始复飞。决断高度以平均海平面为基准，决断高以跑道入口标高为基准。

【词条英文】 Decision Altitude/Decision Height

【来源】 《中国民用航空空中交通管理规则》(CCAR-93-R5)(交通运输部 2017 年第 30 号)、《大型飞机公共航空运输承运人运行合格审定规则》(CCAR-121-R5)(交通运输部 2017 年第 29 号)、小型航空器商业运输运营人运行合格审定规则(CCAR-135)、国际民用航空组织《空中交通管理》Doc4444、《国际民航组织技术文件有关名词解释》(MD-AS-2007-01)

【分类号】 20150120

K

考试员 是指由局方授权实施本规则要求的航空人员执照或者等级的定期检查、熟练检查、实践考试或者理论考试的人员。考试员必须是局方的监察员或者是按照中国民用航空规章《民用航空飞行标准委任代表和委任单位代表规定》(CCAR-183FS)委任的驾驶考试员或者经局方批准的检查人员。

【来源】 《民用航空器驾驶员、飞行教员和地面教员合格审定规则》(CCAR-61R2)

【分类号】 20150194

科学实验 使用民用航空器为搭载平台,为开展各类科学实验提供空中环境的飞行活动。

【来源】 《通用航空经营许可管理规定》(CCAR-290)

【分类号】 20150026

可飞性 使航空器保持在所设计的侧向和垂直飞行航迹预定公差内的能力。

【词条英文】 Flyability

【来源】 国际民航组织《飞行程序设计质量保证手册》Doc9906

【分类号】 20150130

可接受安全绩效水平 ❶包括一套安全指标体系和安

全目标体系，定期对其进行评审，以保证其与国内民航活动的复杂性相一致，并与行业可用资源以及公众对民航系统安全性的期望值相匹配。

【来源】《中国民航航空安全方案》(CCAR398)

【分类号】 10120018

❷以安全绩效目标和安全绩效指标表示的、一个国家的民用航空按照其国家安全方案中规定的安全绩效最低水平，或者一个服务提供者按照其安全管理体系中规定的安全绩效最低水平。

【词条英文】 Acceptable level of safety performance(ALoSP)

【英文释义】 The minimum level of safety performance of civil aviation in a State, as defined in its State safety programme, or of a service provider, as defined in its safety management system, expressed in terms of safety performance targets and safety performance indicators.

【来源】 国际民用航空组织《安全管理手册》Doc9859

【分类号】 10520017

可接受的风险 根据组织法律义务和职业健康安全方针已被组织降至可容许程度的风险。

【词条英文】 Acceptable risk

【来源】《职业健康安全管理体系 要求》(GBT28001-2011)

【分类号】 10560004

可控飞行撞地 为航空事故的一种，意义为一架飞机可由驾驶员正常控制，但因为一些失误而撞上地面、阻碍物或水面坠毁。

【词条英文】 Controlled Flight Into Terrain

【来源】《国际民航组织技术文件有关名词解释》(MD-AS-2007-

K

01）

【分类号】 10320005

可用加速停止距离 可用起飞滑跑距离的长度加上如设有停止道时停止道的长度。

【来源】《民用机场飞行区技术标准》(MH5001-2021)

【分类号】 20260047

可用架日 分为飞行架日和备用架日。飞行架日指报告期内飞机的实际飞行架日；备用架日则是指报告期内飞机停留基地，随时可以提供飞行的架日。

【词条英文】 Available Aircraft Day

【来源】 民用航空器使用困难报告和调查 AC-121-135-60R01

【分类号】 20450020

可用起飞滑跑距离 公布的可用于并适用于飞机起飞时进行地面滑跑的跑道长度。

【来源】《民用机场飞行区技术标准》(MH5001-2021)

【分类号】 20260048

可用起飞距离 可用起飞滑跑距离的长度加上如设有净空道时净空道的长度。

【来源】《民用机场飞行区技术标准》(MH5001-2021)

【分类号】 20260049

可用着陆距离 公布的可用于并适用于飞机着陆时进行地面滑跑的跑道长度。

【来源】 《民用机场飞行区技术标准》(MH5001-2021)
【分类号】 20260050

可追溯性 一系统或数据产品能够提供该产品各项变更记录，从而可以从终端用户到数据初始加工者追寻检查线索的程度。
【词条英文】 Traceability
【英文释义】 The degree that a system or a data product can provide a record of the changes made to that product and thereby enable an audit trail to be followed from the end-user to the data originator.
【来源】 国际民航组织《飞行程序设计质量保证手册》Doc9906
【分类号】 20150131

客舱乘务检查员 指满足相应经历要求的，经局方认可，在航空公司经批准的训练大纲中履行航空公司客舱安全资格检查职责的航空检查人员。
【来源】 《大型飞机公共航空运输承运人运行合格审定规则》(CCAR-121-R5)(交通运输部 2017 年第 29 号)
【分类号】 20150083

客舱乘务教员 指满足相应经历要求的，在航空公司经批准的训练大纲中承担客舱安全训练与教学任务的人员。
【来源】 《大型飞机公共航空运输承运人运行合格审定规则》(CCAR-121-R5)(交通运输部 2017 年第 29 号)
【分类号】 20150085

客舱乘务员 出于对旅客安全的考虑，受合格证持有人指派

K

在客舱执行值勤任务的机组成员。

【来源】《大型飞机公共航空运输承运人运行合格审定规则》(CCAR-121-R5)(交通运输部 2017 年第 29 号)

【分类号】 20150087

客舱机组 为了旅客的安全,履行由经营人或航空器机场分派的职责,但不担任飞行机组成员职责的机组成员。

【词条英文】 Cabin crew

【来源】《国际民航组织技术文件有关名词解释》(MD-AS-2007-01)

【分类号】 20120011

课程提纲 是指一个包含有某个课程的所有课程段、模块、课节及课节要素的清单,或者局方接受的等效的清单。

【来源】《大型飞机公共航空运输承运人运行合格审定规则》(CCAR-121-R5)(交通运输部 2017 年第 29 号)

【分类号】 20150041

空管设备强制关闭 是指空管设备运行单位未按照本规则的规定开放、关闭空管设备时,由中国民航总局空管局或者民航地区空管局对其强制实施关闭。

【来源】 民用航空空中交通管理设备开放、运行管理规则(CCAR-85)

【分类号】 20350089

空管设备投产开放 是指设备安装后首次实际运行。

【来源】 民用航空空中交通管理设备开放、运行管理规则

(CCAR-85)

【分类号】 20350082

空机重量 是指不包含载荷和燃料的无人机重量，该重量包含燃料容器和电池等固体装置。

【来源】《特定类无人机试运行管理规程（暂行）》(AC-92-2019-04)

【分类号】 20750008

空域管理 依据既定空域结构条件，实现对空域的充分利用，尽量满足经营人对空域的需求。

【词条英文】 Airspace Management

【来源】《中国民用航空空中交通管理规则》(CCAR-93-R5)（交通运输部 2017 年第 30 号）

【分类号】 20350030

空运经营人许可证 批准运营人从事特定商业航空运输运行的证件。

【词条英文】 Air operator certificate (AOC)

【来源】《国际民航组织技术文件有关名词解释》(MD-AS-2007-01)

【分类号】 20120012

空中风险等级 是指无人机在空中与其他航空器发生碰撞的风险等级。

【词条英文】 Air Risk Class，缩写为 ARC

【来源】《特定类无人机试运行管理规程（暂行）》(AC-92-2019-21)

【分类号】 20750025

空中广告 使用民用航空器在空中开展的广告宣传飞行活动，包括机(艇)身广告、飞机拖曳广告、空中喷烟广告等。

【来源】《通用航空经营许可管理规定》(CCAR-290)

【分类号】 20150028

空中航行服务 在运行各个阶段向空中交通提供的服务，包括空中交通管理(ATM)、通信、导航和监视(CNS)、空中航行气象服务(MET)、搜寻与救援(SAR)和航行情报服务(AIS)。

【词条英文】 Air navigation services

【来源】《国际民航组织技术文件有关名词解释》(MD-AS-2007-01)

【分类号】 20320025

空中滑行道 在为直升机的空中滑行而建立的一个面上的指定的航道。

【词条英文】 Air taxiway

【来源】《国际民航组织技术文件有关名词解释》(MD-AS-2007-01)

【分类号】 20320026

空中交通 一切航空器在飞行中或在机场机动区内的运行。

【词条英文】 Air traffic

【来源】 国际民用航空组织《空中交通管理》Doc4444、《中国民用航空空中交通管理规则》(CCAR-93-R5)(交通运输部 2017 年第 30 号)、《国际民航组织技术文件有关名词解释》(MD-AS-2007-01)

【分类号】 20350032

空中交通服务 ❶飞行情报服务、告警服务、空中交通咨询服务、空中交通管制服务、区域管制服务、进近管制服务或者机场管制服务的总称。

【词条英文】 Air traffic service

【来源】 《国际民航组织技术文件有关名词解释》(MD-AS-2007-01)

【分类号】 20320028

❷空中交通管制服务(区域管制、进近管制或机场塔台管制)、飞行情报服务和告警服务等不同含义的总称。

【词条英文】 Air traffic service

【来源】 《中国民用航空空中交通管理规则》(CCAR-93-R5)(交通运输部 2017 年第 30 号)

【分类号】 20350138

❸空中交通管制单位应当为飞行中的民用航空器提供空中交通服务,包括空中交通管制服务、飞行情报服务和告警服务。

【注】 提供空中交通管制服务,旨在防止民用航空器同航空器、民用航空器同障碍物体相撞,维持并加速空中交通的有秩序的活动。

提供飞行情报服务,旨在提供有助于安全和有效地实施飞行的情报和建议。

提供告警服务,旨在当民用航空器需要搜寻援救时,通知有关部门,并根据要求协助该有关部门进行搜寻援救。

【来源】 《中华人民共和国民用航空法》(2021 年 4 月 29 日第六次修正)

【分类号】 20730017

空中交通服务报告室 为受理有关空中交通服务的报告和离场前提交的飞行计划而设置的单位。

【词条英文】 Air Traffic Service Reporting Office

【来源】《中国民用航空空中交通管理规则》(CCAR-93-R5)(交通运输部 2017 年第 30 号)

【分类号】 20350035

空中交通服务单位 管制单位、飞行情报部门等不同含义的通称。

【词条英文】 Air traffic services unit

【来源】《中国民用航空空中交通管理规则》(CCAR-93-R5)(交通运输部 2017 年第 30 号)

【分类号】 20350142

空中交通服务航路 为提供必要的空中交通服务,使空中交通流动纳入其中而规划的航路。

【词条英文】 Ats route

【来源】《中国民用航空空中交通管理规则》(CCAR-93-R5)(交通运输部 2017 年第 30 号)

【分类号】 20350164

空中交通管理 是有效地维护和促进空中交通安全,维护空中交通秩序,保障空中交通畅通,其内容主要包括空中交通服务、空中交通流量管理和空域管理。

【词条英文】 Air traffic management

【来源】《中国民用航空空中交通管理规则》(CCAR-93-R5)(交通运输部 2017 年第 30 号)、《国际民航组织技术文件有关名词解释》(MD-AS-2007-01)

【分类号】 20350136

空中交通管制单位 民航局空中交通管理局总调度室、地区管理局调度室、空中交通服务报告室、区域管制室、进近管制室或机场塔台管制室等不同含义的通称。

【词条英文】 Air traffic control unit

【来源】 《国际民航组织技术文件有关名词解释》(MD-AS-2007-01)

【分类号】 20320030

空中交通管制放行许可 批准航空器按照空中交通管制单位规定的条件进行活动的许可,简称放行许可。

【词条英文】 Air traffic control clearance

【来源】 《中国民用航空空中交通管理规则》(CCAR-93-R5)(交通运输部 2017 年第 30 号)、《国际民航组织技术文件有关名词解释》(MD-AS-2007-01)

【分类号】 20350037

空中交通管制服务 ❶为下列目的提供的服务:

(1)防止航空器之间以及在机动区内航空器与障碍物之间相撞;

(2)加速和维持有秩序的空中交通。

【词条英文】 Air traffic control services

【来源】 民用航空使用空域办法(CCAR-71)

【分类号】 20350015

❷为下列目的提供的服务:

(1)防止航空器之间及在机动区内的航空器与障碍物相撞;

(2)维护和加速空中交通有秩序地流动。

【词条英文】 Air traffic control service，ATC

【来源】 《中国民用航空空中交通管理规则》(CCAR-93-R5)(交通运输部2017年第30号)、《国际民航组织技术文件有关名词解释》(MD-AS-2007-01)

【分类号】 20350039

空中交通管制许可 ❶空中交通管制单位对航空器在限定条件下运行的批准。

【注】 为了方便，空中交通管制许可简称许可，前面可加上滑行、起飞、离场、加入航路、进近、着陆来指示特定飞行阶段的许可。

【词条英文】 Air Traffic Control Clearance

【来源】 国际民用航空组织《空中交通管理》Doc4444

【分类号】 20350119

❷批准航空器按照管制单位规定的条件进行活动的许可，简称管制许可。

【词条英文】 Air Traffic Control Clearance

【来源】 《中国民用航空空中交通管理规则》(CCAR-93-R5)(交通运输部2017年第30号)

【分类号】 20350291

空中交通管制员 通过空中交通管制专业训练，持有相应执照并从事空中交通管制业务的人员。

【词条英文】 Air traffic controller

【来源】 《中国民用航空空中交通管理规则》(CCAR-93-R5)(交通运输部2017年第30号)、《国际民航组织技术文件有关名词解释》(MD-AS-2007-01)

【分类号】 20350041

空中交通流量管理 当空中交通流量接近或达到空中交通管制可用能力时，适时地采取措施，保证空中交通量最佳地流入或通过相应的区域。

【词条英文】 Air traffic flow management

【来源】《中国民用航空空中交通管理规则》(CCAR-93-R5)(交通运输部 2017 年第 30 号)、《国际民航组织技术文件有关名词解释》(MD-AS-2007-03)

【分类号】 20350134

空中交通咨询服务 对在咨询空域内按仪表飞行规则飞行的航空器，尽可能保证其间隔而提供的服务。

【词条英文】 Air traffic advisory service

【来源】《中国民用航空空中交通管理规则》(CCAR-93-R5)(交通运输部 2017 年第 30 号)、《国际民航组织技术文件有关名词解释》(MD-AS-2007-05)

【分类号】 20350042

空中拍照 以民用航空器为搭载平台，使用摄影、摄像、照相机等专业设备，为影视制作、新闻报道、比赛转播等拍摄空中影像资料的飞行活动。

【来源】《通用航空经营许可管理规定》(CCAR-290)

【分类号】 20150030

空中停车(IFSD) 是指发动机因其本身原因诱发、飞行机组引起或外部影响导致的失效(飞机在空中)并停车，这一定义仅适用于延程运行。即使发动机在后续的飞行中工作正常，局方仍将认定以下情形为空中停车：如熄火、内部故障、飞行机组导致的停车、外来物吸入、结冰、无法获得或控制所需的推力或动力、重复启动控制等。但该定义不包括下列情形：发动机在空中失效之后立即自动重新点火，以及发动机仅仅是无法实现所需的推力或动力，但并未停车。

【来源】《大型飞机公共航空运输承运人运行合格审定规则》(CCAR-121-R5)(交通运输部 2017 年第 29 号)

【分类号】 20150086

空中巡查 使用装有或搭载专用仪器的民用航空器，对预先设计的区域和目标进行的空中观察、监测等飞行活动。

【来源】《通用航空经营许可管理规定》(CCAR-290)

【分类号】 20150032

空中游览 使用民用航空器在以起降点为中心、半径 40 千米的空域内载运游客进行观赏、游览的飞行活动。

【来源】《通用航空经营许可管理规定》(CCAR-290)

【分类号】 20150034

扩展视距运行 运行，无人机在目视视距以外运行，但驾驶员或者观测员借助视觉延展装置操作无人机，属于超视距运行的一种。

【词条英文】 EVLOS(Extended VLOS)，缩写为 EVLOS

【来源】《特定类无人机试运行管理规程(暂行)》(AC-92-2019-07)

【分类号】 20750011

L

拦阻系统 设计用来降低冲出跑道飞机的速度的系统。

【词条英文】 Arresting system

【英文释义】 A system designed to decelerate an aeroplane overrunning the runway.

【来源】 国际民航组织公约附件14《机场》

【分类号】 20210033

雷达 一种提供目标物的距离、方位和高度等信息的无线电探测装置。

【词条英文】 Radar

【来源】《中国民用航空空中交通管理规则》(CCAR-93-R5)(交通运输部2017年第30号)

【分类号】 20350220

雷达安全区 航空器进行精密雷达进近时,可以预计继续安全进近,并按下滑道在显示器上显示的范围。

上限:自接地点向跑道内延伸300米外为基点,比下滑道高0.5°的延伸直线;

下限:自跑道端比下滑道低0.5°的延伸线和比最后下降开始高低85米的线连接而成。

【词条英文】 Rador Safety Zone

【来源】《中国民用航空空中交通管理规则》(CCAR-93-R5)(交通运输部2017年第30号)

【分类号】 20350044

雷达服务 用来表示直接采用雷达信息提供的服务。

【词条英文】 Eradar service

【来源】《中国民用航空空中交通管理规则》(CCAR-93-R5)(交通运输部2017年第30号)

【分类号】 20350231

雷达干扰 妨碍雷达跟踪的显示器上的影像,包括固定影像、危险气象区影响等。

【词条英文】 Rador Interference

【来源】《中国民用航空空中交通管理规则》(CCAR-93-R5)(交通运输部 2017 年第 30 号)

【分类号】 20350046

雷达管制 直接使用雷达信息来提供空中交通管制服务。

【词条英文】 Radar control

【来源】《中国民用航空空中交通管理规则》(CCAR-93-R5)(交通运输部 2017 年第 30 号)

【分类号】 20350223

雷达管制员 经过空中交通管制专业训练,取得雷达管制员执照并从事雷达管制业务的空中交通管制员。

【词条英文】 Radar controller

【来源】《中国民用航空空中交通管理规则》(CCAR-93-R5)(交通运输部 2017 年第 30 号)

【分类号】 20350224

雷达间隔 当航空器的位置信息来源于雷达时所采用的管制间隔标准。

【词条英文】 Rador Seperation

【来源】《中国民用航空空中交通管理规则》(CCAR-93-R5)(交通运输部 2017 年第 30 号)

【分类号】 20350049

雷达监控　为向航空器提供严重偏离正常飞行航迹的信息和建议而使用雷达。

【词条英文】　Rodar Monitoring

【来源】　《中国民用航空空中交通管理规则》(CCAR-93-R5)(交通运输部 2017 年第 30 号)

【分类号】　20350051

雷达进近　航空器在雷达管制员的引导下所作的进近。

【词条英文】　Rador Approach

【来源】　《中国民用航空空中交通管理规则》(CCAR-93-R5)(交通运输部 2017 年第 30 号)

【分类号】　20350052

雷达看到　在雷达显示器上可以看到和识别的特定航空器的雷达反射脉冲或雷达位置符号存在的状况。

【词条英文】　Radar contact

【来源】　《中国民用航空空中交通管理规则》(CCAR-93-R5)(交通运输部 2017 年第 30 号)、国际民用航空组织《空中交通管理》Doc4444

【分类号】　20350222

雷达目标　分为一次和二次雷达目标。

(1)一次雷达目标，利用一次雷达把航空器的回波在雷达显示器上显示出来的影像。

(2)二次雷达目标，二次雷达应答机的应答波在显示器上显示出来的尾迹。

【词条英文】　Radar target

【来源】　《中国民用航空空中交通管理规则》(CCAR-93-R5)(交

L

通运输部 2017 年第 30 号）

【分类号】 20350232

L

雷达识别 将某一特定的雷达目标或雷达位置符号与特定航空器相关联的过程。

【词条英文】 Radar Identification

【来源】《中国民用航空空中交通管理规则》(CCAR-93-R5)（交通运输部 2017 年第 30 号）、国际民用航空组织《空中交通管理》Doc4444

【分类号】 20350055

雷达识别的航空器 在雷达显示器上观察到的目标或符号为直接相关的航空器位置。

【词条英文】 Radar identified aircraft

【来源】《中国民用航空空中交通管理规则》(CCAR-93-R5)（交通运输部 2017 年第 30 号）

【分类号】 20350226

雷达引导 在使用雷达的基础上，以特定的形式向航空器提供航行引导。

【词条英文】 Radar Vectoring

【来源】《中国民用航空空中交通管理规则》(CCAR-93-R5)（交通运输部 2017 年第 30 号）、国际民用航空组织《空中交通管理》Doc4444

【分类号】 20350233

类精密进近和着陆运行 有方位引导和垂直引导，但不满足建立精密进近和着陆运行要求的仪表进近和着陆。

【来源】《大型飞机公共航空运输承运人运行合格审定规则》

(CCAR-121-R5)(交通运输部 2017 年第 29 号)

【分类号】 20150173

离站时间 指航班旅客登机后,关机门的时间。

【来源】《中国民用航空总局关于修订〈中国民用航空旅客、行李国内运输规则〉的决定》(CCAR-271TR-R2)

【分类号】 20650041

罹难者 是指由于民用航空器飞行事故直接导致死亡的人员,包括机组人员、持有运输凭证的旅客、免费旅客以及第三人。

【来源】《民用航空器飞行事故应急反应和家属援助规定》(CCAR-399)

【分类号】 10450018

理论考试 是指航空理论方面的考试,该考试是颁发航空人员执照或者等级所要求的,可以通过笔试或者计算机考试来实施。

【来源】《民用航空器驾驶员、飞行教员和地面教员合格审定规则》(CCAR-61R2)

【分类号】 20150195

利害攸关方 仪表程序飞行验证中具有既得利益的个人或当事方。

【词条英文】 Stakeholder

【来源】 国际民航组织《飞行程序设计质量保证手册》Doc9906

【分类号】 20150132

例外 是指《民用航空危险品运输管理规定》(CCAR-276-R1)

中免于遵守通常适用于危险品某一具体项目要求的规定。

【来源】《民用航空危险品运输管理规定》(CCAR-276-R1)

【分类号】 20650010

联合国编号 是指为识别一种物质或者一组特定的物质，而由联合国危险品运输专家委员会所指定的四位数字编码。

【来源】《民用航空危险品运输管理规定》(CCAR-276-R1)

【分类号】 20650016

领导责任 是指民航生产经营单位主要负责人在生产安全事故中依照《关于印发落实民航安全生产管理责任指导意见的通知》等相关文件规定应当承担的责任。生产经营单位党委(党组)主要负责对党委(党组)职责范围内的安全生产工作负总责。对安全生产负有领导责任的上级单位按照产权关系和行政隶属关系确定。主要负责人依照《安全生产法》的规定确定。

【来源】《民航行政机关航空安全举报信息管理办法(试行)》(民航发[2020]56号)

【分类号】 10250015

领空范围 中华人民共和国的领陆和领水之上的空域为中华人民共和国领空。中华人民共和国对领空享有完全的、排他的主权。

【来源】《中华人民共和国民用航空法》(2021年4月29日第六次修正)

【分类号】 20730001

流量控制 用来调节进入一指定空域、沿一指定航路飞行或飞往一指定机场的交通流量，从而确保最有效地利用空域的措施。

【词条英文】 Air Traffic Flow Management
【来源】 国际民航组织《空中交通服务程序-空中交通管理》Doc4444
【分类号】 20350083

漏乘 指旅客在航班始发站办理乘机手续后或在经停站过站时未搭乘上指定的航班。
【来源】《中国民用航空总局关于修订〈中国民用航空旅客、行李国内运输规则〉的决定》(CCAR-271TR-R2)
【分类号】 20650036

漏检概率 航空器与地面障碍物之间或航空器之间的冲突系统未能检测到的次数和实际发生的次数之比。
【词条英文】 Probability of missed direction
【来源】《国际民航组织技术文件有关名词解释》(MD-AS-2007-01)
【分类号】 20420001

陆空管制无线电台 主要任务是担任指定区域内关于航空器运行和管制 的通信联络航空通信电台。
【词条英文】 Air ground control radio station
【来源】《中国民用航空空中交通管理规则》(CCAR-93-R5)(交通运输部2017年第30号)
【分类号】 20350283

陆空通信 航空器与地面或地面上某些点之间的电台双向通信。
【词条英文】 Air ground communication
【来源】《中国民用航空空中交通管理规则》(CCAR-93-R5)(交

通运输部 2017 年第 30 号)
【分类号】 20350282

旅客定座单 指旅客购票前必须填写的供承运人或其销售代理人据以办理定座和填开客票的业务单据。
【来源】《中国民用航空国内航线经营许可规定》(CCAR-289TR-R1)、《中国民用航空总局关于修订〈中国民用航空旅客、行李国内运输规则〉的决定》(CCAR-271TR-R2)
【分类号】 20650027

履历文件 记载航空器及其部件和工具设备的使用、维修历史的记录性文件。
【词条英文】 Log book
【来源】《中华人民共和国民用航空行业标准》(MH/T3010.7-2006)民用航空器维修记录的填写
【分类号】 20460016

M

马赫数技术 为了使在指定飞行航线同一高度飞行的涡轮喷气机之间保持纵向间隔,要求航空器按指定的马赫数飞行的空中交通管制方法。
【词条英文】 Mach number technique
【来源】《中国民用航空空中交通管理规则》(CCAR-93-R5)(交通运输部 2017 年第 30 号)
【分类号】 20350206

没有归组的 RVSM 航空器 获得批准进行 RVSM 运行的单个航空器。
【来源】 一般运行和飞行规则(CCAR-91-R2)

【分类号】 20150199

迷航的或不明的航空器 迷航的航空器是指远离其计划航迹或报告它已迷航的航空器。不明的航空器是指已被观察到或已经报告在一特定区域内飞行但尚未被识别的航空器。

【词条英文】 Strayed or Unidentified Aircraft

【来源】 《中国民用航空空中交通管理规则》(CCAR-93-R5)(交通运输部 2017 年第 30 号)、《国际民航组织技术文件有关名词解释》(MD-AS-2007-01)

【分类号】 20350056

民航安检现场值班领导岗位管理人员 是指在民航安检工作现场,负责民航安检勤务实施管理和应急处置管理工作的岗位。民航安检工作现场包括旅客人身及随身行李物品安全检查工作现场、托运行李安全检查工作现场、航空货邮安全检查工作现场、其他人员安全检查工作现场及民用运输机场控制区道口安全检查工作现场等。

【来源】 《民用航空安全检查规则》(CCAR-339-R1)

【分类号】 20550013

民航安全从业人员 主要包括飞行、乘务、机务维修、空管、运控、机场运行、安保、地面保障等专业人员,民航院校上述专业在读学生,航校和飞行训练机构教员、学员,民航生产经营单位负有安全管理职责的人员,以及民航行政机关的安全监察人员。

【来源】 《民航安全从业人员工作作风长效机制建设指南》(民航规[2021]23 号)

【分类号】 10250013

民航安全检查员 是指持有民航安全检查员国家职业资格证书并从事民航安检工作的人员。

【来源】《民用航空安全检查规则》(CCAR-339-R1)

【分类号】 20550012

民航规范性文件 由中国民用航空局各职能部门颁布，包括管理程序(AP)、咨询通告(AC)、管理文件(MD)、工作手册(WM)和信息通告(IB)。

【来源】《中国民航航空安全方案》(CCAR398)

【分类号】 10120003

民航当局 直接负责管理民用航空运输、技术(即空中航行和航空安全)和经济(即航空运输的商业方面)各方面的一个或多个政府实体。

【词条英文】 Civil aviation authority

【来源】《国际民航组织技术文件有关名词解释》(MD-AS-2007-01)

【分类号】 20720012

民航生产经营单位 是指在中国境内依法设立的民用航空器经营人、飞行训练单位、维修单位、航空产品型号设计或者制造单位、空中交通管理运行单位、民用机场(包括军民合用机场民用部分)以及地面服务保障等单位。

【来源】《民航行政机关航空安全举报信息管理办法(试行)》(民航发[2020]56号)

【分类号】 10250016

民用航空安全检查工作 是指对进入民用运输机场控制区的旅客及其行李物品，其他人员、车辆及物品和航空货物、航空邮件等进行安全检查的活动。

【来源】《民用航空安全检查规则》(CCAR-339-R1)

【分类号】 20550009

民用航空安全信息 是指事件信息、安全监察信息和综合安全信息。

【来源】《民用航空器安全信息管理规定》(CCAR-396-R3)

【分类号】 10250002

民用航空地面事故 在机场活动区和机库内发生航空器、车辆、设备、设施损坏，造成直接经济损失人民币 30 万元(含)以上或致人重伤、死亡。

【词条英文】 Aviation Ground Accident

【来源】《民用航空器事件调查规定》(CCAR-395-R2)

【分类号】 10350002

民用航空气象服务机构 取得承担全部或部分民用航空气象服务基本任务资质的机构。

【词条英文】 Civil Aviation Meteorological Service

【来源】《国际民航组织技术文件有关名词解释》(MD-AS-2007-01)

【分类号】 20320036

民用航空器 是指除用于执行军事、海关、警察飞行任务外的航空器。

【来源】《中华人民共和国民用航空法》(2021 年 4 月 29 日第六

M

次修正）
【分类号】 20730003

民用航空器不安全事件调查信息 民用航空器不安全事件调查信息（简称事件调查信息）是指在民用航空器不安全事件调查过程中产生的各类信息。事件调查信息根据信息重要程度分为涉密级事件调查信息（简称事件调查涉密信息）、敏感级事件调查信息（简称事件调查敏感信息）和一般级事件调查信息（简称事件调查一般信息）。
【来源】《民用航空器不安全事件调查信息保护管理办法》（民航发[2019]68号）
【分类号】 10350009

民用航空器的融资租赁 是指出租人按照承租人对供货方和民用航空器的选择，购得民用航空器，出租给承租人使用，由承租人定期交纳租金。融资租赁期间，出租人依法享有民用航空器所有权，承租人依法享有民用航空器的占有、使用、收益权。
【来源】《中华人民共和国民用航空法》（2021年4月29日第六次修正）
【分类号】 20730010

民用航空器飞行事故 ❶民用航空器在运行过程中发生的人员伤亡、航空器损坏的事件。
【来源】《民用航空器事件调查规定》（CCAR-395-R2）
【分类号】 10350005

❷是指在公共航空运输过程中，任何人自登上航空器准备飞行起，

直至到达目的地点离开航空器为止的期间内发生的与该航空器运行有关并导致人员受伤或者死亡的事故。

【来源】《民用航空器飞行事故应急反应和家属援助规定》

【分类号】 (CCAR-399)10450015

民用航空器权利 对民用航空器的权利,包括对民用航空器构架、发动机、螺旋桨、无线电设备和其他一切为了在民用航空器上使用的,无论安装于其上或者暂时拆离的物品的权利。

【注】 民用航空器权利人应当就下列权利分别向国务院民用航空主管部门办理权利登记:

(1)民用航空器所有权;

(2)通过购买行为取得并占有民用航空器的权利;

(3)根据租赁期限为六个月以上的租赁合同占有民用航空器的权利;

(4)民用航空器抵押权。

【来源】《中华人民共和国民用航空法》(2021 年 4 月 29 日第六次修正)

【分类号】 20730007

民用航空器事故征候 在航空器运行阶段或在机场活动区内发生的与航空器有关的,未构成事故但影响或可能影响安全的事件,分为运输航空严重事故征候、运输航空一般事故征候、运输航空地面事故征候和通用航空事故征候。

【词条英文】 Civil aircraft incident

【来源】《中华人民共和国民用航空行业标准》《民用航空器征候等级划分办法》,2018 年 12 月 14 日发布的《民用航空器事故征候》(MH/T 2001—2018)自 2021 年 10 月 1 日起正式实施

【分类号】 10360005

M

民用航空器事件调查员 民用航空器事件调查员具体分为以下两类。

(1)局方调查员,是指在民航局、地区管理局以及被授权事业组织中,从事事件调查的人员。

(2)民航生产经营单位调查员,是指在民航生产经营单位中承担技术调查及相关工作的人员。其中,在设计制造单位中承担技术调查及相关工作的人员,称为设计制造单位调查员;在除设计制造单位外的民航生产经营单位中承担技术调查及相关工作的人员,称为企事业单位调查员。

【来源】《民用航空器事件调查员培训管理办法》(民航综安发[2020]3号)

【分类号】 1035007

民用航空器事件调查设备装备 民用航空器事件调查设备装备包括专用车辆、通讯设备、摄影摄像设备、无人机、录音设备、特种设备、勘查测量设备、绘图制图设备、危险品探测设备、便携式计算机、调查员个人防护装备,以及用于事件调查的其他相关设备装备等。

【来源】《民用航空器事件调查设备装备管理办法》(民航综安发[2021]2号)

【分类号】 10350008

民用航空器优先权 是指债权人依照本法第十九条规定,向民用航空器所有人、承租人提出赔偿请求,对产生该赔偿请求的民用航空器具有优先受偿的权利。

第十九条:下列各项债权具有民用航空器优先权:

(1)援救该民用航空器的报酬;

(2)保管维护该民用航空器的必需费用。

前款规定的各项债权，后发生的先受偿。

【注】 该法第三章第二十条规定：本法第十九条规定的民用航空器优先权，其债权人应当自援救或者保管维护工作终了之日起三个月内，就其债权向国务院民用航空主管部门登记。

【来源】 《中华人民共和国民用航空法》(2021 年 4 月 29 日第六次修正)

【分类号】 20730008

民用航空器租赁合同 民用航空器租赁合同，包括融资租赁合同和其他租赁合同，应当以书面形式订立。

【来源】 《中华人民共和国民用航空法》(2021 年 4 月 29 日第六次修正)

【分类号】 20730009

民用机场 民用机场，是指专供民用航空器起飞、降落、滑行、停放以及进行其他活动使用的划定区域，包括附属的建筑物、装置和设施。

本法所称民用机场不包括临时机场。军民合用机场由国务院、中央军事委员会另行制定管理办法。

【来源】 《中华人民共和国民用航空法》(2021 年 4 月 29 日第六次修正)

【分类号】 20730016

民用运输机场 是指为从事旅客、货物运输等公共航空运输活动的民用航空器提供起飞、降落等服务的机场。包括民航运输机场和军民合用机场的民用部分。

【来源】 《民用航空安全检查规则》(CCAR-339-R1)

【分类号】 20550008

M

模拟飞行训练器 在地面上模拟飞行条件的下列三种设备中任何一种。

(1)飞行模拟机:能精确复现某型航空器的驾驶舱,逼真地模拟出机械、电气、电子等航空器系统的操纵功能、飞行组成员的正常环境及该型航空器的性能和飞行特性。

(2)飞行程序训练器:能提供逼真的驾驶舱环境,并模拟航空器各仪表的反应和机械、电气、电子等航空器系统的简单操纵功能及特定级别的航空器性能与飞行特性。

(3)基本仪表飞行训练器:装有适当的仪表,并能模拟航空器在仪表飞行条件下飞行时的驾驶舱环境。

2022 年 11 月 3 日起适用以下定义。

在地面上模拟飞行条件的下列三种设备中任何一种。

(1)飞行模拟机:能精确复现某型航空器的驾驶舱或精确复现遥控驾驶航空器系统(RPAS),逼真地模拟出机械、电气、电子等航空器系统的操纵功能、飞行组成员的正常环境及该型航空器的性能和飞行特性。

(2)飞行程序训练器:能提供逼真的驾驶舱环境或逼真的遥控驾驶航空器系统环境,并模拟航空器各仪表的反应和机械、电气、电子等航空器系统的简单操纵功能及特定级别的航空器性能与飞行特性。

(3)基本仪表飞行训练器:装有适当的仪表,并能模拟航空器在仪表飞行条件下飞行时的驾驶舱环境或遥控驾驶航空器系统环境。

【词条英文】 Flight simulation training device(FSTD)

【英文释义】 Any one of the following three types of apparatus in which flight conditions are simulated on the ground:

A flight simulator, which provides an accurate representation of the flight deck of a particular aircraft type to the extent that the mechanical, electrical, electronic, etc. aircraft systems control functions, the normal environment of flight crew members, and the performance and flight characteristics of that type of aircraft are realistically simulated.

A flight procedures trainer, which provides a realistic flight deck environment, and which simulates instrument responses, simple control functions of mechanical, electrical, electronic, etc. aircraft systems, and the performance and flight characteristics of aircraft of a particular class; A basic instrument flight trainer, which is equipped with appropriate instruments, and which simulates the flight deck environment of an aircraft in flight in instrument flight conditions.

【来源】 国际民航组织《人员执照》(附件 1)

【分类号】 20110001

某些类型的不安全事件发生率指标 包括:几近发生的可控飞行撞地发生率、跑道入侵发生率等。

【来源】《中国民航航空安全方案》(CCAR398)

【分类号】 10120016

目标 要实现的结果。

【注 1】 目标可以使战略性的、战术性的或运行层面的。

【注 2】 目标可涉及不同领域(如财务、健康安全和环境的目标),并可应用于不同层面(如战略层面、组织整体层面、项目层面、产品和过程层面)。

【注 3】 目标可按其他方式来表述,例如:按预期结果、意图、运行准则来表述目标;按某职业健康安全目标来表述目标;使用其他近义词来(如靶向、追求或目的等)表述目标。

【词条英文】 Objective

【来源】《职业健康安全管理体系 要求及使用指南》(GB/T 45001—2020/ISO 45001：2018)

【分类号】 10560038

目的地备降机场 ❶是指当飞机不能或者不宜在预定陆地机场着陆时能够着陆的备降机场。

【来源】《大型飞机公共航空运输承运人运行合格审定规则》(CCAR-121-R5)(交通运输部 2017 年第 29 号)

【分类号】 20150090

❷当航空器不能或者不宜在预定着陆机场着陆时可以飞往着陆的备降机场。

【来源】 小型航空器商业运输运营人运行合格审定规则(CCAR-135)

【分类号】 20150157

目视飞行规则 按照目视气象条件飞行的管理规则。

【词条英文】 Visual flight rules

【来源】《中国民用航空空中交通管理规则》(CCAR-93-R5)(交通运输部 2017 年第 30 号)

【分类号】 20350260

目视间隔 为了维护空中交通有秩序地流动，防止航空器相撞，由管制员目视航空器或由航空器驾驶员目视其他航空器，以保持航空器之间的间隔。

【词条英文】 Visual Seperation

【来源】《中国民用航空空中交通管理规则》(CCAR-93-R5)(交通运输部 2017 年第 30 号)

【分类号】 20350058

目视近视　当部分或全部仪表进近程序尚未结束时，通过目视参照地标实施仪表飞行规则(IFR)的进近。

【词条英文】　Visual Approach

【来源】　《中国民用航空空中交通管理规则》(CCAR-93-R5)(交通运输部2017年第30号)

【分类号】　20350287

目视气象条件　❶用能见度、离云的距离和云高表示，等于或者高于规定最低标准的气象条件。

【词条英文】　Visual Meteorological Conditions

【来源】　《大型飞机公共航空运输承运人运行合格审定规则》(CCAR-121-R5)(交通运输部2017年第29号)、小型航空器商业运输运营人运行合格审定规则(CCAR-135)、《中国民用航空空中交通管理规则》(CCAR-93-R5)(交通运输部2017年第30号)

【分类号】　20150092

❷用能见度、离云的水平距离、云底高标识的气象条件。

【词条英文】　Visual Meteorological Conditions

【来源】　国际民用航空组织《空中交通管理》Doc4444

【分类号】　20350127

N

南极区域　是指南纬60°以南的整个区域。

【来源】　《大型飞机公共航空运输承运人运行合格审定规则》(CCAR-121-R5)(交通运输部2017年第29号)

【分类号】　20150095

内部审核　由被审核单位或代表被审核单位的单位组织实施

的审核。

【注】 可参考《民航安全管理体系(SMS)审核管理办法》(民航规[2021]12号)中关于"SMS审核"的定义。

【来源】 《运输机场安全管理体系(SMS)建设指南》(AC-139/140-CA-2019-3)

【分类号】 20250001

内移的跑道入口 不是设在跑道端部的跑道入口。

【词条英文】 Displaced threshold

【来源】 《民用机场飞行区技术标准》(MH 5001—2021)

【分类号】 20260027

能见度 正常视力的人,在当时天气条件下,白天能从天空背景中看到或辨认出大小适度的黑色目标物的最大距离;夜间则是指假定总体照明增加到正常白天水平,适当大小的黑色目标物能被看到和辨认出的最大距离或中等强度的发光体能被看到和识别的最大距离。

【词条英文】 Visibility

【来源】 《国际民航组织技术名词有关名词解释》(MD-AS-2007-01)

【分类号】 20320037

能见进近 飞行中,当部分或全部仪表进近程序尚未完成时,借助目视地标所做的进近。

【词条英文】 Visual ApproachIFR

【来源】 国际民用航空组织《空中交通管理》Doc4444

【分类号】 20350129

能力 ❶按照规定标准执行某项任务所需的总体技能、知识和态度。

【词条英文】 Competency

【来源】 国际民航组织《飞行程序设计质量保证手册》Doc9906

【分类号】 20120028

❷运用知识和技能实现预期结果的本领。

【词条英文】 Compectence

【来源】 《职业健康安全管理体系 要求及使用指南》(GB/T 45001—2020/ISO 45001：2018)

【分类号】 10560042

逆向飞行航空器 在下列一种情况下飞行的航空器：

(1)沿相同航迹上的相反方向飞行；

(2)平行航迹上相反方向飞行；

(3)航迹夹角大于135°。

【词条英文】 Opposite direction aircraft

【来源】 《中国民用航空空中交通管理规则》(CCAR-93-R5)(交通运输部2017年第30号)

【分类号】 20350213

年检 航空营运人的飞机接受局方进行的年度适航性检查，符合CCAR121R4的要求并获得适航证签署或者其他方式的签署后才能继续投入运行。

【词条英文】 Annual Survey

【来源】 《大型飞机公共航空运输承运人运行合格审定规则》(CCAR-121-R5)(交通运输部2017年第29号)

【分类号】 20150001

P

盘旋进近 ❶航空器在着陆前围绕机场进行的目视盘旋飞行。

【词条英文】 Circling Approach

【来源】 国际民用航空组织《空中交通管理》Doc4444

【分类号】 20350131

❷仪表进近程序的延伸。航空器在按照仪表进近程序进近过程中不能直线进近着陆时，在机场上空目视对正跑道的机动飞行。

【词条英文】 Circling approach

【来源】《中国民用航空空中交通管理规则》(CCAR-93-R5)(交通运输部 2017 年第 30 号)

【分类号】 20350168

跑道 ❶陆地机场上经修整供航空器着陆和起飞而划定的一块长方形场地。

【词条英文】 Runway

【来源】《民用机场飞行区技术标准》(MH5001-2021)

【分类号】 20260025

❷陆地机场内供航空器进行着陆和起飞的一块划定范围的长方形场地。

【词条英文】 Runway

【来源】 国际民用航空组织《空中交通管理》Doc4444

【分类号】 20350133

❸陆地上供航空器起飞和着陆而划定的一块长方形场地。

【词条英文】 Runway

【来源】 民用航空使用空域办法(CCAR-71)、《中国民用航空空中交通管理规则》(CCAR-93-R5)(交通运输部 2017 年第 30 号)

【分类号】 20350238

跑道表面状况 对跑道状况报告中所用跑道表面状况的一种说明,可作为出于飞机性能目的确定跑道状况代码的依据。

【注】 跑道状况报告中使用的跑道表面状况确立了机场运营人、飞机制造商和飞机运营人之间的性能要求。用于确定跑道表面状况的程序,见《空中航行服务程序—机场》Doc 9981 号文件。

(1)干跑道:如果在跑道上打算使用的区域内,其表面无可见湿气且未被污染,则可将其视为干跑道;

(2)湿跑道:跑道表面计划使用区域内覆盖有任何明显的湿气或最多 3 毫米深的水;

(3)湿滑跑道:跑道有很大一部分的表面摩阻特性被判定为下降的湿跑道;

(4)被污染跑道:如果位于正在使用的长度和宽度范围内的跑道表面区域的很大一部分(不管是否为孤立区域)都覆盖有跑道表面状况描述词中所列的一种或多种物质,则跑道已被污染。

【词条英文】 Runway surface condition(s)

【来源】 《民用机场飞行区技术标准》(MH5001—2021)

【分类号】 20260064

跑道掉头坪 机场内紧邻跑道的划定区域,供飞机在跑道上完成 180°的转弯。

【来源】 《民用机场飞行区技术标准》(MH5001—2021)

【分类号】 20260066

P

跑道等待位置 为保护跑道、障碍物限制面或仪表着陆系统(ILS)、微波着陆系统(MLS)临界区/敏感区而设定的位置,在此处行进中的航空器和车辆应当停住并等待,除非得到机场塔台的批准。

【来源】《民用机场飞行区技术标准》(MH5001—2021)

【分类号】 20260068

跑道端安全区 ❶一块对称于跑道中线延长线、与升降带端相接的地区,其作用主要是减少飞机在过早接地或冲出跑道时遭受损坏的危险。

【词条英文】 Runway end safety area(RESA)

【来源】《国际民航组织技术文件有关名词解释》(MD-AS-2007-01)

【分类号】 20220011

❷对称于跑道中线延长线、与升降带端相接的特定区域,其作用主要是减少飞机提前接地或冲出跑道时遭受损坏的危险。

【词条英文】 Runway end safety area

【来源】《民用机场飞行区技术标准》(MH5001-2021)

【分类号】 20260051

跑道警戒灯 用以提醒正在滑行道上行驶的航空器或车辆驾驶员注意他们即将进入使用中的跑道的一种灯光系统。

【词条英文】 Runway guard lights

【来源】《民用机场飞行区技术标准》(MH5001-2021)

【分类号】 20260026

跑道侵入 在机场发生的任何航空器、车辆或人员错误的出

P

现或存在指定用于航空器着陆和起飞的地面保护区的情况。根据事件的严重程度,跑道侵入分为:

A类:间隔减小以至于双方必须采取极度措施,勉强避免碰撞发生的跑道侵入;

B类:间隔缩小至存在显著的碰撞可能,只有在关键时刻采取纠正或避让措施才能避免碰撞发生的跑道侵入;

C类:有充足的时间和(或)距离采取措施避免碰撞发生的跑道侵入;

D类:符合跑道侵入的定义但不会立即产生安全后果的跑道侵入;

E类:信息不足无法做出结论,或证据矛盾无法进行评估的情况。

【注】 分类来源于《国际民航组织 DOC9870 AN/463 防止跑道侵入手册》。

【词条英文】 Runway Incursion

【来源】 《中华人民共和国民用航空行业标准》《民用航空器征候等级划分办法》2018年12月14日发布的《民用航空器事故征候》(MH/T2001—2018)自2021年10月1日起正式实施、《中国民用航空空中交通管理规则》(CCAR-93-R5)(交通运输部2017年第30号)、《防止机场地面车辆和人员跑道侵入管理规定》(AP-140-CA-2011-3)

【分类号】 10360011

跑道侵入自主警告系统(ARIWS)

一种地面系统,可对在用跑道上的潜在侵入或占用情况提供自动探测,并可向飞行机组或车辆驾驶员提供直接警告。

【词条英文】 Autonomous runway incursion warning system (ARIWS)

【英文释义】 A system which provides autonomous detection of

a potential incursion or of the occupancy of an active runway and a direct warning to a flight crew or a vehicle operator.

【来源】 国际民航组织公约附件 14《机场》

【分类号】 20210034

跑道入口 跑道可用于着陆部分的起端。

【词条英文】 Threshold

【来源】《中国民用航空空中交通管理规则》(CCAR-93-R5)(交通运输部 2017 年第 30 号)

【分类号】 20350249

跑道入口内移 是指发生在机场的对飞机跑道安全产生不利影响的事件。对跑道入侵的定义目前是由国际民用航空组织(ICAO)于 2006 年 4 月 27 日规定的:在机场中发生的任何涉及错误的出现在用于飞机起飞和降落的保护区表面的飞机,车辆以及行人的事件。

【词条英文】 Displaced threshold

【来源】《国际民航组织技术文件有关名词解释》(MD-AS-2007-01)

【分类号】 20220012

跑道视程 航空器驾驶员在跑道中心线上空能看到跑道道面标志或跑道灯光轮廓或辨认出跑道中心线的距离。

【词条英文】 Runway Visual Range

【来源】《中国民用航空空中交通管理规则》(CCAR-93-R5)(交通运输部 2017 年第 30 号)、国际民用航空组织《空中交通管理》Doc4444

【分类号】 20350063

跑道有效长度 是指从跑道进近端的超障面与跑道中心线的交点至跑道最远端的距离。

【来源】《大型飞机公共航空运输承运人运行合格审定规则》(CCAR-121-R5)(交通运输部2017年第29号)

【分类号】 20150035

跑道占用时间 航空器占用跑道，包括航空器起飞和着陆占用地面保护区的总时间。

【词条英文】 Runway Occupancy Time

【来源】《中国民用航空空中交通管理规则》(CCAR-93-R5)(交通运输部2017年第30号)

【分类号】 20350285

偏航 计划和实际航迹有偏差的情形。

【词条英文】 Deviation

【来源】 国际民用航空组织《空中交通管理》Doc4444

【分类号】 20350137

偏离 对于规章中明确允许偏离的条款，合格证持有人在提出恰当理由和证明能够达到同等安全水平的情况下，经局方批准，可以不遵守相应条款的规定或者遵守替代的规定、条件或者限制。

【词条英文】 Deviation

【来源】《大型飞机公共航空运输承运人运行合格审定规则》(CCAR-121-R5)(交通运输部2017年第29号)、小型航空器商业运输运营人运行合格审定规则(CCAR-135)

【分类号】 20150093

平衡飞行场地长度 当选定的飞机的决断速度使所需的

P

起飞距离与加速停止距离相等时的距离。

【词条英文】 Balanced field length

【来源】《民用机场飞行区技术标准》(MH5001-2021)

【分类号】 20260028

平视显示器(HUD) 一种将飞行信息显示在驾驶员前方外界视野内的显示系统。

【来源】《大型飞机公共航空运输承运人运行合格审定规则》(CCAR-121-R5)(交通运输部 2017 年第 29 号)

【分类号】 20150174

评估员 是指评定或评价机组成员、教员、其他评估员、飞行签派员或其他运行人员表现的人员。

【来源】《大型飞机公共航空运输承运人运行合格审定规则》(CCAR-121-R5)(交通运输部 2017 年第 29 号)

【分类号】 20150045

Q

其他人员 是指除旅客以外的,因工作需要,经安全检查进入机场控制区或者民用航空器的人员,包括但不限于机组成员、工作人员、民用航空监察员等。

【来源】《民用航空安全检查规则》(CCAR-339-R1)

【分类号】 20550015

齐抓共管 指民航各单位及其工作部门应当协调一致,按照职责严格落实安全四个责任。

【来源】《民航安全生产管理责任指导意见》(民航发[2015]133 号)

【分类号】 10250020

企业高级管理人员 通用航空企业的法定代表人、总经理、副总经理、上市公司董事会秘书、主管飞行、经营、作业质量的负责人和其他对通用航空企业具有重大影响的工作人员。

【来源】《通用航空经营许可管理规定》(CCAR-290)

【分类号】20150036

起飞备降机场 ❶是指当飞机在起飞后较短时间内需要着陆而又不能使用原起飞机场时，预先指定用以进行着陆的备降机场。

【来源】《大型飞机公共航空运输承运人运行合格审定规则》(CCAR-121-R5)(交通运输部2017年第29号)

【分类号】20150096

❷当航空器在起飞后较短时间内需要着陆而又不能使用原起飞机场时，用以进行着陆的备降机场。

【来源】小型航空器商业运输运营人运行合格审定规则(CCAR-135)

【分类号】20150155

起飞跑道 供飞机起飞使用的跑道。

【词条英文】Take-off runway

【来源】《民用机场飞行区技术标准》(MH 5001—2021)

【分类号】20260058

起飞时间 航空器开始起飞滑跑时机轮动的瞬间。

【词条英文】Take Off Time

【来源】《中国民用航空空中交通管理规则》(CCAR-93-R5)(交通运输部2017年第30号)

【分类号】20350289

Q

起飞着陆区 供飞机起飞或着陆用的活动区。

【词条英文】 Landing area

【来源】《民用机场飞行区技术标准》(MH5001-2021)

【分类号】 20260029

起落航线 为航空器在机场滑行、起飞或着陆规定的流程。由五个边组成。

【词条英文】 Traffic pattern

【来源】《中国民用航空空中交通管理规则》(CCAR-93-R5)(交通运输部2017年第30号)

【分类号】 20350254

起始进近航段 在仪表进近程序中起始进近定位点和中间进近定位点之间,或者与最后进近定位点之间的航段。

【词条英文】 Initial approach segment

【来源】 民用航空使用空域办法(CCAR-71)

【分类号】 20350045

气象当局 代表缔约国对国际航行提供或安排提供气象服务的主管部门。

【词条英文】 Meteorological authority

【来源】《国际民航组织技术文件有关名词解释》(MD-AS-2007-01)

【分类号】 20320038

气象探测 以民用航空器为搭载平台,装备相关专业设备对大气物理、大气化学和气象现象进行探察、测量的飞行活动。

【来源】《通用航空经营许可管理规定》(CCAR-290)

【分类号】 20150038

气象预报 对某一特定的区域或部分空域，在特定时刻或期间的、预期的气象情况的叙述。

【词条英文】 Forcast

【来源】《中国民用航空空中交通管理规则》(CCAR-93-R5)(交通运输部 2017 年第 30 号)

【分类号】 20350192

强雷暴 可产生直径 2.5 厘米(1 英寸，大小与壹圆人民币硬币相当)或更大的冰雹，50 海里/小时或更大的对流，并有可能产生龙卷风。

【来源】《航空器驾驶员指南-雷暴、晴空颠簸和低空风切变》(AC-91-FS-2014-20)

【分类号】 20150214

轻型航空器 最大允许起飞全重等于或者小于 7 000 千克的航空器。

【词条英文】 Light aircraft

【来源】 民用航空使用空域办法(CCAR-71)

【分类号】 20350047

轻于空气航空器 是指靠充入密度小于空气的气体产生浮力维持飞行的航空器。

【来源】《民用航空器驾驶员、飞行教员和地面教员合格审定规则》(CCAR-61R2)

【分类号】 20150189

情况不明阶段 航空器及其机上人员的安全出现令人疑虑的情况。

【词条英文】 INCERFA

【来源】《中国民用航空空中交通管理规则》(CCAR-93-R5)(交通运输部 2017 年第 30 号)、《国际民航组织技术文件有关名词解释》(MD-AS-2007-01)

【分类号】 20350203

区际航线 是指运输的始发地、经停地和目的地在两个或两个以上的民航地区管理局管辖区域之间的航线。

【来源】《中国民用航空国内航线经营许可规定》(CCAR-289TR-R1)

【分类号】 20650048

区内航线 是指运输的始发地、经停地和目的地在一个民航地区管理局管辖区域内的航线。

【来源】《中国民用航空国内航线经营许可规定》(CCAR-289TR-R1)

【分类号】 20650049

区域导航 在以地面台站为基准的导航设施的作用范围内，或者在航空器自备导航设备的覆盖范围内，或者在两者相结合的条件下，航空器在任何欲飞航径上飞行的一种导航方法。

【词条英文】 RNAV:area navigation

【来源】 民用航空使用空域办法(CCAR-71)

【分类号】 20350004

区域导航航路 为能够采用区域导航的航空器建立的空中

交通服务航路。
【词条英文】 Area navigation route
【来源】 《中国民用航空空中交通管理规则》(CCAR-93-R5)(交通运输部 2017 年第 30 号)、民用航空使用空域办法(CCAR-71)
【分类号】 20350057

区域管理服务 对管制区内受管制的飞行提供空中交通管制服务。
【词条英文】 Area control service
【来源】 《中国民用航空空中交通管理规则》(CCAR-93-R5)(交通运输部 2017 年第 30 号)
【分类号】 20350160

区域管制单位 在所管辖管制区内,为受管制的航空 器提供空中交通服务而设置的单位。
【词条英文】 Area control office
【来源】 《中国民用航空空中交通管理规则》(CCAR-93-R5)(交通运输部 2017 年第 30 号)
【分类号】 20350278

区域管制服务 对管制内受管制的飞行提供的空中交通管制服务。
【词条英文】 Area control office
【来源】 《中国民用航空空中交通管理规则》(CCAR-93-R5)(交通运输部 2017 年第 30 号)、《国际民航组织技术文件有关名词解释》(MD-AS-2007-01)
【分类号】 20320039

区域管制室 在所管辖管制区内，为受管制的航空器提供空中交通服务而设置的单位。

【词条英文】 Area control office

【来源】《中国民用航空空中交通管理规则》(CCAR-93-R5)(交通运输部2017年第30号)

【分类号】 20350162

全球导航卫星系统 卫星导航的通用术语，包括美国的GPS、欧洲的Galileo、俄罗斯的Glonass以及星基增强系统(SBAS)和地基增强系统(GBAS)等。

【词条英文】 GNSS

【来源】《RNAV5运行批准指南》(AC-91-8)

【分类号】 20150203

R

RVSM飞行包线 RVSM飞行包线包括航空器在RVSM空域内进行巡航飞行使用的马赫数范围、重量/大气气压比和高度值的范围。RVSM飞行包线的定义如下。

(一)完全RVSM飞行包线的范围限定如下。

(1)高度飞行包线从飞行高度8 900米(29 000英尺)(含)[国内8 900米(29 100英尺)(含)]向上扩展至下列高度中的最低值：

a. 飞行高度12 500米(41 000英尺)(含)[国内12 500米(41×100英尺)(含)](RVSM高度的高限)；

b. 航空器的最大审定高度；

c. 由巡航推力、抖颤或其他飞行限制的高度。

(2)空速飞行包线扩展范围：

a. 从缝翼和襟翼收起的最大续航(等待)空速或机动飞行空速，二者中的较低值；

b. 至最大的运行空速(Vmo/Mmo)或由巡航推力、抖颤或其他飞行限制的空速,二者中的较低值。

(3)本定义的(1)和(2)规定的飞行包线范围内,各种可允许的总重。

(二)基本 RVSM 飞行包线的边界与完全 RVSM 飞行包线相同,但空速飞行包线不同;空速飞行包线的范围。

(1)从缝翼和襟翼收起的最大续航(等待)空速或机动飞行空速,二者中的较低值。

(2)至完全 RVSM 飞行包线规定的马赫/空速上限,或者某一特定的较低值,但不低于远程巡航马赫数加 0.04 马赫,除非又进一步受到现有巡航推力、抖颤或其他飞行因素的限制。

【来源】 一般运行和飞行规则(CCAR-91-R2)

【分类号】 20150200

RVSM 航空器组 经局方批准的一组航空器,其中每架航空器都满足下列条件。

(一) 航空器按相同的设计制造,并按相同的型号合格证、型号合格证更改或补充型号合格证批准。

(二) 每架航空器的静压源按相同的方式和位置安装。同组的航空器应使用同样的静压源误差校正装置。

(三) 为满足本附录对 RVSM 设备的最低要求,每架航空器上安装的航空电子组件应当:

(1) 按同一制造商的规范制造,并具有同样的件号;

(2) 如果申请人证明该设备能达到同样的系统性能,可以是不同的制造商或件号。

【来源】 一般运行和飞行规则(CCAR-91-R2)

【分类号】 20150198

扰乱行为 是指在民用机场或在航空器上不遵守规定，或不听从机场工作人员或机组成员指示，从而扰乱机场或航空器上良好秩序的行为。航空器上的扰乱行为主要包括：

(1)强占座位、行李架的；

(2)打架斗殴、寻衅滋事的；

(3)违规使用手机或其他禁止使用的电子设备的；

(4)盗窃、故意损坏或者擅自移动救生物品等航空设施设备或强行打开应急舱门的；

(5)吸烟(含电子香烟)、使用火种的；

(6)猥亵客舱内人员或性骚扰的；

(7)传播淫秽物品及其他非法印制物的；

(8)妨碍机组成员履行职责的；

(9)扰乱航空器上秩序的其他行为。

【来源】《公共航空旅客运输飞行中安全保卫工作规则》(CCAR-332-R2)、《公共航空运输企业航空安全保卫规则》(CCAR-343-R1)、《民用航空运输机场航空安全保卫规则》(CCAR-329)

【分类号】 20550005

人的表现 影响航空运行的安全和效率的人的能力和局限性

【词条英文】 Human performance

【来源】《国际民航组织技术文件有关名词解释》(MD-AS-2007-01)

【分类号】 20720013

人的行为能力 影响航空运行安全和效率的人的能力与局限性。

【词条英文】 Human performance

【英文释义】 Human capabilities and limitations which have an

impact on the safety and efficiency of aeronautical operations.
【来源】 国际民航组织公约附件14《机场》
【分类号】 20210035

人的因素原理 适用于航空设计、审定、训练、运行和维修工作并通过适当考虑到人的行为能力来实现人与其他系统组件之间安全配合的原理。
【词条英文】 Human Factors principles
【英文释义】 Principles which apply to aeronautical design, certification, training, operations and maintenance and which seek safe interface between the human and other system components by proper consideration to human performance.
【来源】 国际民航组织公约附件14《机场》
【分类号】 20210036

R

人的因素原则 适用于航空设计、合格审定、培训和维修的原则,该原则通过适当地考虑人员表现来寻求人与其他系统组件直接的安全界面。
【词条英文】 Human factors principles
【来源】 《国际民航组织技术文件有关名词解释》(MD-AS-2007-01)
【分类号】 20720014

人工降水 在云中降水条件不足情况下,使用民用航空器向云层中喷撒催化剂以促进降水的飞行活动;或利用飞机向地表覆盖的冰雪喷撒吸热物质,提高冰雪温度,以促使冰雪融化的飞行活动。
【来源】 《通用航空经营许可管理规定》(CCAR-290)

【分类号】 20150040

人体测量学 用测量和观察的方法来对人体的尺寸、重量、比例等进行测量和分析的一门学科。

【词条英文】 Anthropometry

【来源】《中华人民共和国民用航空行业标准》(MH/T3010.18-2006)维修人为因素方案指南

【分类号】 20460012

人员轻伤 使人肢体或者容貌损害,听觉、视觉或者其他器官功能部分障碍或者其他对于人身健康有中度伤害的损伤,包括轻伤一级和轻伤二级。[最高人民检察院、公安部、司法部 2013 年 8 月 30 日颁发自 2014 年 1 月 1 日起施行的《人体损伤程度鉴定标准》]

R

【注】 本标准所指人员轻伤不适用于由于自然原因、自身或他人原因造成的人员伤害,以及藏匿于供旅客和机组使用区域外的偷乘航空器者所受的人员伤害等情况。

【词条英文】 Injury

【来源】《中华人民共和国民用航空行业标准》《民用航空器征候等级划分办法》,2018 年 12 月 14 日发布的《民用航空器事故征候》(MH/T 2001-2018)自 2021 年 10 月 1 日起正式实施。

【分类号】 10360006

人员伤亡损失指标 包括:亿客公里死亡率和每亿机载人次的死亡率。

【来源】《中国民航航空安全方案》(CCAR398)

【分类号】 10120013

人员死亡 ❶凡自航空器发生事故之日起 30 日内,由本次事故导致的致命伤。
【词条英文】 Fatal
【来源】 《国际民航组织技术文件有关名词解释》(MD-AS-2007-01)
【分类号】 10320007

❷自航空器地面事故发生之日起30日内,由于本次事故导致的死亡。
【词条英文】 Fatality
【来源】 《民用航空器维修管理规范》第3部分:民用航空器维修事故与差错(MH/T 3010.3-2006)
【分类号】 10360013

融合空域 是指有其他有人驾驶航空器同时运行的空域。
【来源】 《特定类无人机试运行管理规程(暂行)》(AC-92-2019-09)
【分类号】 20750013

入口 能用于着陆的那部分跑道的开始点。
【词条英文】 THR:threshold
【来源】 民用航空使用空域办法(CCAR-71)、国际民用航空组织《空中交通管理》Doc4444
【分类号】 20350074

S

SMS审定 民航生产经营单位在申请运行许可阶段接受局方运行合格审定时有关SMS的许可事项。
【来源】 《民航安全管理体系(SMS)审核管理办法》(民航规[2021]12号)

【分类号】 10150004

SMS 审核 对特定民航生产经营单位 SMS 运行过程中开展的侧重成熟度和效能的评估。基于覆盖范围不同,分为专项 SMS 审核和综合性 SMS 审核,前者指针对被审核单位是某一部门或某一业务领域的 SMS 审核,后者是针对多部门、多业务领域的 SMS 审核;基于审核人员不同,分为 SMS 内部审核(简称 SMS 内审)和 SMS 外部审核(简称 SMS 外审),前者可由民航生产经营单位自行组织 SMS 内审审核员实施,后者可由民航生产经营单位或局方组织符合本办法规定的 SMS 外审审核员实施。

【来源】《民航安全管理体系(SMS)审核管理办法》(民航规[2021]12 号)

【分类号】 10150003

S

伤害 在 SORA 评估方法中,特指无人机失控条件下造成的短时间内导致伤亡结果的情况,伤害类别包括对地面或空中第三方的伤亡以及对地面重要设施的破坏。

【词条英文】 Harm

【来源】《特定类无人机试运行管理规程(暂行)》(AC-92-2019-19)

【分类号】 20750023

伤害和健康损害 对人的生理、心理或认知状况的不利影响。

【注 1】 这些不利影响包括职业疾病、不健康和死亡。

【注 2】 术语"伤害和健康损害"意味着存在伤害和(或)健康损害。

【词条英文】 Injury and ill health

【来源】《职业健康安全管理体系 要求及使用指南》(GB/T 45001-2020/ISO 45001：2018)

【分类号】 10560039

商业非运输运营人 是指经局方按照本规则审定合格并获得局方颁发的商业非运输运营人运行合格证和运行规范,使用民用航空器实施公共航空运输之外的以取酬或出租为目的的商业航空飞行的航空器运营人。

【来源】 一般运行和飞行规则(CCAR-91-R2)

【分类号】 20150010

商业运输运营人 是指使用本规则第135.3条规定的民用航空器并从事本规则第135.3条规定的飞行和运行种类的航空运营人。

【来源】 小型航空器商业运输运营人运行合格审定规则(CCAR-135)

【分类号】 20150137

商用、私用、运动驾驶员执照培训 使用民用航空器,以掌握飞行驾驶技术,获得商用驾驶员执照、私用驾驶员执照或运动驾驶员执照为目的而开展的飞行活动,包括正常教学飞行、教官带飞、学员在教官的指导下单飞,但不包括熟练飞行。

【来源】《通用航空经营许可管理规定》(CCAR-290)

【分类号】 20150042

上升气流 小范围的上升空气。如果空气足够潮湿,水汽可凝结形成积云、单体浓积云或积雨云。

【来源】 《航空器驾驶员指南-雷暴、晴空颠簸和低空风切变》

S

(AC-91-FS-2014-20)

【分类号】 20150217

设计国 对负责型号设计的机构具有管辖权的国家。

【词条英文】 State of design

【来源】 《国际民航组织技术文件有关名词解释》(MD-AS-2007-01)

【分类号】 20720015

设计型号合格证书 设计民用航空器及其发动机、螺旋桨和民用航空器上设备,应当向国务院民用航空主管部门申请领取型号合格证书。经审查合格的,发给型号合格证书。

【来源】 《中华人民共和国民用航空法》(2021 年 4 月 29 日第六次修正)

【分类号】 20730011

审查 为确定主题事项的适宜性、充分性和有效性以达到既定目标所进行的活动

【词条英文】 Review

【英文释义】 An activity undertaken to determine the suitability, adequacy and effectiveness of the subject matter to achieve established objectives.

【来源】 国际民航组织《飞行程序设计质量保证手册》Doc9906

【分类号】 20120029

审定维修要求 在航空器设计、审定期间,作为型号合格审定运行限制而要求的定期维护检查任务。CMR 是基于一个与 MRB 报告(MSG 分析方法)完全不同的分析过程发展的维修任

务。CMR仅是一种失效发现任务，用于探测和发现潜在的、存在显著安全隐患的危险或致命的失效状况。CMR仅仅确认危险或致命的失效状况是否发生，但并不提供任何预防性维护措施，而是通过必要的修理或更换使航空器恢复到正常的适航状态。

【词条英文】 Certification Maintenance Requirement

【来源】 AC-25-19 审定维修要求

【分类号】 20450016

审核 为获得审核证据并对其进行客观评价，以确定满足审核准则的程度所进行的系统的、独立的和文件化的过程。

【注1】 审核可以是内部（第一方）审核或外部（第二方或第三方）审核，也可以是一种结合（结合两个或多个领域）的审核。

【注2】 内部审核由组织自行实施或由外部方代表其实施。

【词条英文】 Audit

【来源】 《职业健康安全管理体系 要求及使用指南》（GB/T 45001-2020/ISO 45001：2018）

【分类号】 10560049

审计 对一个国家的航空体制进行系统的和客观的检查以核实依从《芝加哥公约》的规定或国家条例，符合或遵守标准和建议措施（SARPs）、程序及良好的航空安全措施的情况。

【词条英文】 Audit

【来源】 《国际民航组织技术文件有关名词解释》（MD-AS-2007-01）

【分类号】 10120022

升级训练 ❶已在某一特定型别的飞机上经审定合格并担任副驾驶的机组成员，在该型别飞机上担任机长之前需要进行的训练。

【来源】《大型飞机公共航空运输承运人运行合格审定规则》(CCAR-121-R5)(交通运输部 2017 年第 29 号)

【分类号】 20150100

❷已在某一特定型别的航空器上经审定合格并担任副驾驶的机组成员,在该型别航空器上担任机长之前需要进行的训练。

【来源】 小型航空器商业运输运营人运行合格审定规则(CCAR-135)

【分类号】 20150145

升降带 一块划定的包括跑道和停止道(如设有)及其临近区域的场地,用以减少航空器冲偏出跑道时遭受损坏的危险,并保障航空器在起飞或着陆运行中在其上空安全飞过。

【词条英文】 Runway strip

【来源】《民用机场飞行区技术标准》(MH5001-2021)

【分类号】 20260030

S

生产(维修)许可证书 生产、维修民用航空器及其发动机、螺旋桨和民用航空器上设备,应当向国务院民用航空主管部门申请领取生产许可证书、维修许可证书。经审查合格的,发给相应的证书。

【来源】《中华人民共和国民用航空法》(2021 年 4 月 29 日第六次修正)

【分类号】 20730012

声入射角 IEC61094-3 和 IEC61094-4(修订版)中定义的传声器主轴,与声源到传声器振动膜片中心连线的夹角,以度为单位。

【来源】 航空器型号和适航合格审定噪声规定(CCAR-36-R1)
【分类号】 20450006

失职追责 是对民航各单位党政领导在安全生产工作中的失职、渎职行为进行问责,需要追究纪律责任的,依照有关规定给予党政纪处分;涉嫌犯罪的,移送司法机关依法处理。
【来源】 《民航安全生产管理责任指导意见》(民航发[2015]133号)
【分类号】 10250021

失踪者 是指由于民用航空器飞行事故直接导致失踪的人员。
【来源】 《民用航空器飞行事故应急反应和家属援助规定》(CCAR-399)
【分类号】 10450020

湿跑道 当跑道表面覆盖有厚度等于或小于 3 毫米(0.118 英寸)的水,或者当量厚度等于或小于 3 毫米(0.118 英寸)深的融雪、湿雪、干雪;或者跑道表面有湿气但并没有积水时,这样的跑道被视为湿跑道。
【来源】 《大型飞机公共航空运输承运人运行合格审定规则》(CCAR-121-R5)(交通运输部 2017 年第 29 号)
【分类号】 20150181

湿租 ❶是指按照租赁协议,承租人租赁飞机时携带出租人一名或者多名机组成员的租赁。
【词条英文】 Wet lease
【来源】 《大型飞机公共航空运输承运人运行合格审定规则》(CCAR-121-R5)(交通运输部 2017 年第 29 号)

【分类号】 20150102

❷是指按照租赁协议，承租人租赁航空器时携带出租人一名或者多名机组成员的租赁。

【来源】 小型航空器商业运输运营人运行合格审定规则(CCAR-135)

【分类号】 20150140

石油服务 使用民用航空器在石油勘探开发的作业地至后勤保障基地间开展的人员物资运输以及空中吊装、空中消防灭火、搜寻救援等飞行服务活动。

【来源】 《通用航空经营许可管理规定》(CCAR-290)

【分类号】 20150043

时间敏感零部件 在本规则中，是指对疲劳和腐蚀敏感的飞机主结构的零部件。

【来源】 《大型飞机公共航空运输承运人运行合格审定规则》(CCAR-121-R5)(交通运输部 2017 年第 29 号)

【分类号】 20150161

时间平均频带声压级 以 dB 为单位，对指定三分之一倍频程内，规定的时间间隔上瞬时声压平方的时间平均与参考声压 20μPa 平方的比值取以 10 为底的对数，再乘以 10。

【来源】 航空器型号和适航合格审定噪声规定(CCAR-36-R1)

【分类号】 20450013

识别灯标 发出代码信号用以识别某一特定基准点的航空灯标。

【词条英文】 Identification beacon
【英文释义】 An aeronautical beacon emitting a coded signal by means of which a particular point of reference can be identified.
【来源】 国际民航组织公约附件14《机场》
【分类号】 20210038

实际承运人 是指根据缔约承运人的授权，履行前款全部或者部分运输的人，不是指本章规定的连续承运人；在没有相反证明时，此种授权被认为是存在的。
【来源】《中华人民共和国民用航空法》(2021年4月29日第六次修正)
【分类号】 20730022

实践考试 是指为取得航空人员执照或者等级进行的操作方面的考试，该考试通过申请人在飞行中、飞行模拟机中或者飞行训练器中回答问题并演示操作动作的方式进行。
【来源】《民用航空器驾驶员、飞行教员和地面教员合格审定规则》(CCAR-61R2)
【分类号】 20150196

始发国 是指在其领土内最初将货物装载于航空器上的国家。
【来源】《民用航空危险品运输管理规定》(CCAR-276-R1)
【分类号】 20650015

事故 ❶是指在民用航空器运行阶段或者在机场活动区内发生的与航空器有关的下列事件：

(1)人员死亡或者重伤；

(2)航空器严重损坏；

(3)航空器失踪或者处于无法接近的地方。

【来源】《民用航空器事件调查规定》(CCAR-395-R2)

【分类号】 10350003

❷造成死亡、疾病、伤害、财产损失或其他损失的意外事件。

【词条英文】 Accident

【来源】《职业健康安全管理体系 要求》(GBT 28001-2011)

【分类号】 10560010

事故处理协调小组 是指根据《国家处置民用航空器飞行事故应急预案》，由国家处置飞行事故指挥部指定的，负责在发生民用航空器飞行事故的公共航空运输企业和罹难者、幸存者、失踪者及其家属以及其他政府部门和机构之间协调、联络，以便向罹难者、幸存者、失踪者及其家属提供援助的组织机构。

【来源】《民用航空器飞行事故应急反应和家属援助规定》(CCAR-399)

【分类号】 10450017

事故率指标 包括运输航空、通用航空和航空器地面事故率。

【来源】《中国民航航空安全方案》(CCAR398)

【分类号】 10120012

事故调查员 根据其资格有责任参与实施和控制调查的人。

【词条英文】 Investigator (of an accident)

【来源】《国际民航组织技术文件有关名词解释》(MD-AS-2007-01)

【分类号】 20720002

事故征候率指标 包括:运输航空事故征候率、运输航空严重事故征候率和通用航空事故征候率。

【来源】《中国民航航空安全方案》(CCAR398)

【分类号】 10120014

事件 ❶由工作引起的或在工作过程中发生的可能或已经导致伤害和健康损害的情况。

【注 1】 发生伤害和健康损害的事件有时被称为“事故”。

【注 2】 未发生但有可能发生伤害和健康损害的事件在英文中称为“near-miss”“near-hit”或“close call”,在中文中也可称为“未遂事件”“未遂事故”或“事故隐患”等。

【注 3】 尽管事件可能涉及一个或多个不符合,但在没有不符合时也有可能会发生。

【词条英文】 Incident

【来源】 (《职业健康安全管理体系 要求及使用指南》(GB/T 45001-2020/ISO 45001：2018)

【分类号】 10560009

❷是指在民用航空器运行阶段或机场活动区内发生的航空器损伤、人员伤亡或其他影响安全的情况。按照事件等级划分,包括民用航空器事故、民用航空器征候以及民用航空器一般事件;按照事件报告划分,包括紧急事件(运输航空紧急事件和通用航空紧急事件)和非紧急事件(运输航空非紧急事件和通用航空非紧急事件)。

【来源】 《事件样例》(AC-396-08R2)

【分类号】 10250009

事件调查信息保护 是指规范收集、传递和使用事件调查信息,避免出现不当披露或公开的情况。

S

【来源】《民用航空器不安全事件调查信息保护管理办法》(民航发[2019]68号)
【分类号】 10350010

事件调查涉密信息 事件调查涉密信息密级具体范围依据《民航工作国家秘密范围的规定》中相关要求执行。
【来源】《民用航空器不安全事件调查信息保护管理办法》(民航发[2019]68号)
【分类号】 10350011

事件调查敏感信息 是指泄露后会影响不安全事件调查工作正常开展或引起媒体过度关注,对民航整体形象造成负面影响的事件调查信息。下列事项应当被确定为事件调查敏感信息:

(1)访谈记录;
(2)航空器驾驶舱舱音和机载图像记录;
(3)陆空通话记录;
(4)飞行记录器数据及其仿真;
(5)涉及医疗及个人隐私等资料;
(6)调查组在调查过程中获取的音、影像资料;
(7)重大(不含)以下运输航空器事故发布之前的处理意见;
(8)未发布前的调查初步报告、调查续报和最终调查报告。

【来源】《民用航空器不安全事件调查信息保护管理办法》(民航发[2019]68号)
【分类号】 10350012

事件调查一般信息 是指除事件调查涉密信息和事件调查敏感信息以外的其他事件调查信息。
【来源】《民用航空器不安全事件调查信息保护管理办法》(民航

发[2019]68号)
【分类号】 10350013

事件信息 是指在民用航空器运行阶段或者机场活动区内发生航空器损伤、人员伤亡或者其他影响飞行安全的情况。主要包括:民用航空器事故(以下简称事故)、民用航空器事故征候(以下简称事故征候)以及民用航空器一般事件(以下简称一般事件)信息。
【来源】 《民用航空器安全信息管理规定》(CCAR-396-R3)
【分类号】 10250003

事件信息收集 事件信息收集分为紧急事件报告和非紧急事件报告,实行分类管理。紧急事件报告样例和非紧急事件报告样例包含在事件样例中,事件样例由民航局另行制定。
【来源】 《民用航空器安全信息管理规定》(CCAR-396-R3)
【分类号】 10250006

事发相关单位 事发相关单位是指与所发生事件有关的,能提供事件直接信息的航空器运营人(含分、子公司)和航空运行保障单位。
【来源】 《事件样例》(AC-396-08R2)
【分类号】 10250010

试飞 出于下列目的而实施的飞行:
——为满足适航要求;
——为满足某些特殊要求;
——针对特定的研究;
——针对安装组件的测试;

——研究航空器性能。

【词条英文】 Test flight

【来源】《中华人民共和国民用航空行业标准》(MH/T3010.1-2006)民用航空器试飞

【分类号】 20460003

试飞方案 由维修单位和运营人根据航空器试飞任务的要求,预先制定的用于航空器试飞的有关技术文件。

【词条英文】 Test flight program

【来源】《中华人民共和国民用航空行业标准》(MH/T3010.1-2006)民用航空器试飞

【分类号】 20460004

视距内运行 无人机在驾驶员或观测员与无人机保持直接目视视距接触的范围内运行,且该范围为目视视距内半径不大于500米,人、机相对高度不大于120米。英文缩写VLOS。

【词条英文】 Visual line of sight

【来源】《民用无人机驾驶员管理规定》《特定类无人机试运行管理规程(暂行)》(AC-92-2019-05)

【分类号】 20750001

适当的适航规章 民航局为航空器、发动机或者螺旋桨的类别制定的全面的和详细的适航规章。

【词条英文】 Appropriate airworthiness requirements

【来源】《国际民航组织技术文件有关名词解释》(MD-AS-2007-01)

【分类号】 20420002

适航性 是指飞机、发动机、螺旋桨或零部件符合经局方批准的设计，并处于满足安全运行的状态。

【来源】《大型飞机公共航空运输承运人运行合格审定规则》(CCAR-121-R5)（交通运输部2017年第29号）

【分类号】 20150182

适航性限制项目 在型号审定过程中规定的某些结构项目（包括机体、发动机、螺旋桨）的使用限制。

【词条英文】 Airworthiness Limited Item

【来源】 航空器结构持续完整性大纲 AC-121-65

【分类号】 20450015

适航证书 具有中华人民共和国国籍的民用航空器，应当持有国务院民用航空主管部门颁发的适航证书，方可飞行。

出口民用航空器及其发动机、螺旋桨和民用航空器上设备，制造人应当向国务院民用航空主管部门申请领取出口适航证书。经审查合格的，发给出口适航证书。

租用的外国民用航空器，应当经国务院民用航空主管部门对其原国籍登记国发给的适航证书审查认可或者另发适航证书，方可飞行。

民用航空器适航管理规定，由国务院制定。

【来源】《中华人民共和国民用航空法》(2021年4月29日第六次修正)

【分类号】 20730014

适航指令 在某飞行器型号合格审定后，由适航当局针对在某一民用航空产品（包括航空器、航空发动机、螺旋桨及机载设备）上发现的，很可能存在或发生于同型号设计的其他民用航空产品中的不安全状态，所制定的强制性检查要求、改正措施或使用限制的文件，其内容涉及飞行安全，如不按规定完成，有关航空器将不再适航。

【词条英文】 Airworthiness Directive

【来源】《民用航空器适航指令规定》CCAR-39

【分类号】 20450004

收货人 是指承运人按照航空货运单或者货物运输记录上所列名称而交付货物的人。

【来源】《中国民用航空货物国内运输规则》(CCAR-275TR-R1)

【分类号】 20650044

授权代表 根据其资格由一国指派参加由另一国进行调查的人员。

【词条英文】 Accredited representative

【来源】《国际民航组织技术文件有关名词解释》(MD-AS-2007-01)

【分类号】 10320009

授权教员 授权教员，是指下列人员：

(1) 持有按本规则颁发的现行有效地面教员执照，并依据其地面教员执照上规定的权利和限制执行地面教学的人员；

(2) 持有按本规则颁发的现行有效飞行教员执照，并依据其飞行教员执照上规定的权利和限制执行地面教学或者飞行教学的人员；

(3) 按本规则以及公共航空运输承运人运行规章的规定由局方授权可提供地面或飞行教学，并按照该授权执行地面或飞行教学的人员。

【来源】《民用航空器驾驶员、飞行教员和地面教员合格审定规

则》(CCAR-61R2)

【分类号】 20150193

熟练评估 是指航线运行评估(LOE)或者局方接受的、按照高级训练大纲进行的等效的评估。

【来源】 《大型飞机公共航空运输承运人运行合格审定规则》(CCAR-121-R5)(交通运输部 2017 年第 29 号)

【分类号】 20150044

数据块 在雷达显示器上显示出来的识别符号、地速等内容的数据组。

【词条英文】 Data block

【来源】 《中国民用航空空中交通管理规则》(CCAR-93-R5)(交通运输部 2017 年第 30 号)

【分类号】 20350178

数据质量 ❶提供的数据满足数据使用者在精确度、分辨率和完整性方面要求的置信程度或置信水平。

【词条英文】 Data quality

【英文释义】 A degree or level of confidence that the data provided meet the requirements of the data user in terms of accuracy, resolution and integrity.

【来源】 国际民航组织公约附件 14《机场》

【分类号】 20210039

❷所提供数据满足数据用户需求的程度,通常用数据的精度、准确性和完整性来说明。

【词条英文】 Data quality

【来源】 民用航空使用空域办法(CCAR-71)

【分类号】 20350031

顺向飞行航空器 在下列一种情况下飞行的航空器:

(1) 沿相同方向相同航迹飞行;

(2) 相同方向平行航迹上飞行;

(3) 航迹夹角小于45°。

【词条英文】 Same direction aircraft

【来源】 《中国民用航空空中交通管理规则》(CCAR-93-R5)(交通运输部2017年第30号)

【分类号】 20350240

私用大型航空器运营人 是指经局方按照本规则审定合格并获得局方颁发的私用大型航空器运营人运行规范实施私用飞行的航空器运营人。

【来源】 一般运行和飞行规则(CCAR-91-R2)

【分类号】 20150012

随身行李物品 是指经公共航空运输企业同意,由旅客自行负责照管的行李和自行携带的零星小件物品。

【来源】 《民用航空安全检查规则》(CCAR-339-R1)

【分类号】 20550017

随身携带物品 指经承运人同意由旅客自行携带的零星小件物品。

【来源】 《中国民用航空总局关于修订〈中国民用航空旅客、行李国内运输规则〉的决定》(CCAR-271TR-R2)

【分类号】 20650039

S

缩小垂直间隔标准(RVSM)空域 一般是指在飞行高度 8 900 米(29 000 英尺)(含)和飞行高度 12 500 米(41 000 英尺)(含)之间使用 300 米(1 000 英尺)最小垂直间隔的任何空域。[我国国内实施 RVSM 运行的空域是飞行高度 8 900 米(29 100 英尺)(含)至 12 500 米(41 100 英尺)(含)]。RVSM 空域是特殊资格空域,运营人及其运营的航空器应当得到局方的批准方可进入。空中交通管制机构通过提供航线计划信息告知 RVSM 的运营人。

【来源】 一般运行和飞行规则(CCAR-91-R2)

【分类号】 20150197

所需导航性能 ❶具有机载导航性能监视和告警能力的 RNAV。

【词条英文】 RNP

【来源】 《RNAV5 运行批准指南》(AC-91-8)

【分类号】 20150202

❷在一个指定空域内运行所必需的导航性能的说明。

【词条英文】 RNP:rquired navigation perfor mance

【来源】 民用航空使用空域办法(CCAR-71)

【分类号】 20350059

T

T

塔台管制单位 为机场交通提供空中交通管制服务而设置的单位。

【来源】 《中国民用航空空中交通管理规则》(CCAR-93-R5)(交通运输部 2017 年第 30 号)

【分类号】 20350293

塔台管制室 为机场交通提供交通管制服务而设置的单位。

【词条英文】 Areodrome Control Tower

【来源】《中国民用航空空中交通管理规则》(CCAR-93-R5)(交通运输部 2017 年第 30 号)、国际民用航空组织《空中交通管理》Doc4444

【分类号】 20350064

滩云 一种低的，水平楔形云，与雷暴的阵风锋有关。与滚轴云不同，滩云与母云的底部相连，而母云上方通常存在雷暴。

【来源】《航空器驾驶员指南-雷暴、晴空颠簸和低空风切变》(AC-91-FS-2014-20)

【分类号】 20150215

T

特别繁忙运输机场 是指由局方指定的交通流量较大的国际机场，包括北京首都机场、上海虹桥机场、上海浦东机场和广州新白云机场。

【来源】 一般运行和飞行规则(CCAR-91-R2)

【分类号】 20150008

特别跟踪 是指将一名人员安排到一个增强的训练、检查或两者兼有的计划中。

【来源】《大型飞机公共航空运输承运人运行合格审定规则》(CCAR-121-R5)(交通运输部 2017 年第 29 号)

【分类号】 20150064

特定运行风险评估 是一套基于地面风险和空中风险评估,为局方、拟实施特定类无人机运行的运行责任人、空中交通管理等服务提供方以及相关第三方提供的评估无人机能否按照经过风险评估后的置信水平实施安全运行的方法。

SORA是为无人机的运行评估提供一套方法论,主要用于支持对特定类无人机运行申请的批准。

【词条英文】 Specific Operations Risk Assessment,缩写SORA。

【来源】 《特定类无人机试运行管理规程(暂行)》(AC-92-2019-15)

【分类号】 20750019

特殊检查 飞机在遭受严重颠簸、重着陆、雷击、外来物损伤等特殊情况后所实施的检查工作,一般简称为特检。

【词条英文】 Special Inspection

【来源】 《民用航空器维修许可审定的规定》(CCAR-145)

【分类号】 20450014

特种设备 国家认定的,因设备本身和外在因素的影响容易发生事故,并且一旦发生事故会造成人身伤亡及重大经济损失的危险性较大的设备。

【词条英文】 Special equipment

【来源】 《中华人民共和国民用航空行业标准》(MH/T3013.10-2012)职业安全健康管理体系实施指南

【分类号】 10560001

特种设备作业 从事特种设备工作,对操作者本人、他人的安全健康及设备、设施的安全可能造成重大危害的作业(含特种设备安全管理)。

【词条英文】 Special equipment operation

【来源】《中华人民共和国民用航空行业标准》(MH/T3013.10-2012)职业安全健康管理体系实施指南

【分类号】 10560002

调查 为预防事故所进行的某一过程,包括收集和分析资料、做出结论,其中包括确定原因,及在适宜时提出安全建议。

【词条英文】 Investigation

【来源】《国际民航组织技术文件有关名词解释》(MD-AS-2007-01)

【分类号】 10320010

跳伞飞行服务 使用民用航空器运载跳伞人员到达指定空域的飞行服务活动。

【来源】《通用航空经营许可管理规定》(CCAR-290)

【分类号】 20150046

停机坪 陆地机场上供航空器上下旅客、装卸货物、邮件等用途而划定的区域。

【词条英文】 Apron

【来源】《中国民用航空空中交通管理规则》(CCAR-93-R5)(交通运输部 2017 年第 30 号)

【分类号】 20350158

停止道 在可用起飞滑跑距离末端以外地面上一块划定的经过整备的长方形场地,适于航空器在中断起飞时能够在其上面停住。

【词条英文】 Stop way

【来源】《民用机场飞行区技术标准》(MH5001-2021)

【分类号】 20260031

通信导航监视设备定期开放 是指通信导航监视设备实际运行后按照规定的校验、检验周期完成校验、检验后的开放。

【来源】 民用航空空中交通管理设备开放、运行管理规则(CCAR-85)

【分类号】 20350084

通信导航监视设备特殊开放 是指通信导航监视设备经过特殊校验、验证后的开放。

【来源】 民用航空空中交通管理设备开放、运行管理规则(CCAR-85)

【分类号】 20350087

通用航空 ❶是指使用民用航空器从事公共航空运输以外的民用航空活动,包括从事工业、农业、林业、渔业和建筑业的作业飞行以及医疗卫生、抢险救灾、气象探测、海洋监测、科学实验、教育训练、文化体育等方面的飞行活动。

【来源】 《中华人民共和国民用航空法》(2021 年 4 月 29 日第六次修正)

【分类号】 20730023

❷包机飞行通用航空企业使用三十座以下的民用航空器(初级类航空器除外),按照与用户所签订文本合同中确定的时间、始发地和目的地,为其提供的不定期载客及货邮运输服务。此类服务不对社会公众发售机票,不提前公布航班时刻,根据需要决定飞行频次。

【来源】 《通用航空经营许可管理规定》(CCAR-290)

【分类号】 20150047

通用航空机场 是指无公共航空运输定期航班到达的民用机场。

T

【来源】 一般运行和飞行规则(CCAR-91-R2)
【分类号】 20150002

通用航空征候 除执行以下飞行任务以外的航空器,在运行阶段发生的征候。

(1)大型飞机公共航空运输承运人执行公共航空运输任务;

(2)境外公共航空运输承运人在我国境内执行公共航空运输任务。

【词条英文】 General aviation incident
【来源】 《中华人民共和国民用航空行业标准》《民用航空器征候等级划分办法》,2018 年 12 月 14 日发布的《民用航空器事故征候》(MH/T 2001-2018)自 2021 年 10 月 1 日起正式实施
【分类号】 10360007

T

通用航空运行 除商业航空运输运行获空中作业运行之外的航空器运行。

【词条英文】 General aviation operation
【来源】 《国际民航组织技术文件有关名词解释》(MD-AS-2007-01)
【分类号】 20120014

推测领航 利用方向、时间和速度数据由前一个已知位置点向后推算或者确定位置的一种方法。

【词条英文】 DR:dead reckoning navigation
【来源】 民用航空使用空域办法(CCAR-71)
【分类号】 20350033

托运行李 是指旅客交由公共航空运输企业负责照管和运

输并填开行李票的行李。

【来源】《民用航空安全检查规则》(CCAR-339-R1)、《中国民用航空总局关于修订〈中国民用航空旅客、行李国内运输规则〉的决定》(CCAR-271TR-R2)

【分类号】 20550018

托运人 是指为货物运输与承运人订立合同,并在航空货运单或者货物记录上署名的人。

【来源】《民用航空危险品运输管理规定》(CCAR-276-R1)、《中国民用航空货物国内运输规则》(CCAR-275TR-R1)

【分类号】 20650003

托运书 是指托运人办理货物托运时填写的书面文件,是据以填开航空货运单的凭据。

【来源】《中国民用航空货物国内运输规则》(CCAR-275TR-R1)

【分类号】 20650045

托运物 是经营人一次在一个地址,从一个托运人处接收的,按一批和一个目的地地址的一个收货人出具收据的一个或者多个危险品包装件。

【来源】《民用航空危险品运输管理规定》(CCAR-276-R1)

【分类号】 20650006

椭球高(大地高) 某一点相对于地球基准球面的高度,该高度沿通过该点的椭球面外法线测量。

【词条英文】 Ellipsoid height (Geodetic height)

【英文释义】 The height related to the reference ellipsoid, measured along the ellipsoidal outer normalthrough the point in ques-

T

tion.

【来源】 国际民航组织公约附件 14《机场》

【分类号】 20210040

W

外包 对外部组织执行组织的部分职能或过程做出安排。

【注】 虽然被外包的职能或过程处于组织的管理体系范围之内，但外部组织则处于范围之外。

【词条英文】 Outsource(verb)

【来源】 《职业健康安全管理体系 要求及使用指南》(GB/T 45001-2020/ISO 45001：2018)

【分类号】 10560046

外表损伤 不需打开接近门或拆卸盖板等其他构件，便可以从机体外部通过目视检查发现的结构缺陷。

【词条英文】 Outer surface damage

【来源】 《中华人民共和国民用航空行业标准》(MH/T3010.20-2006)航空器结构维修记录

【分类号】 20460014

外部审核 由被审核单位之外的单位执行的审核。

【注】 可参考《民航安全管理体系(SMS)审核管理办法》(民航规[2021]12 号)中关于“SMS”审核”的定义。

【来源】 《运输机场安全管理体系(SMS)建设指南》(AC-139/140-(A-2019-3)

【分类号】 20250002

外来物碎片(FOD) 飞行区内可能会损伤航空器、设备或威胁机场工作人员和乘客生命安全的外来物体。

【词条英文】 Foreign object debris (FOD)

【英文释义】 An inanimate object within the movement area which has no operational or aeronautical function and which has the potential to be a hazard to aircraft operations.

【来源】 《民用机场飞行区技术标准》(MH5001-2021)

【分类号】 20260052

外形缺损清单(CDL)

是指针对特定型号飞机,局方确定的在飞行开始时可以缺失的外部零部件清单,清单中还包括必要的运行限制、性能修正的相关信息。

【来源】 《大型飞机公共航空运输承运人运行合格审定规则》(CCAR-121-R5)(交通运输部2017年第29号)

【分类号】 20150162

完全产权项目

是航空器代管人管理航空器的一种组织方式,必须满足以下所有条件:

(1) 代管航空器的所有权人对航空器拥有完全产权;

(2) 所有代管服务仅由一个航空器代管人提供;

(3) 签订了多年有效的完全产权项目协议,包括财产所有权、完全产权项目的代管服务等方面的内容。

【来源】 一般运行和飞行规则(CCAR-91-R2)

【分类号】 20150020

完整性

❶对航空数据及其数值自数据初始加工或经批准进行修订后未发生丢失或改变的置信程度。

【词条英文】 Integrity

【英文释义】 A degree of assurance that an aeronautical data and

W

its value has not been lost or altered since the data origination or authorized amendment.

【来源】 国际民航组织《飞行程序设计质量保证手册》Doc9906

【分类号】 20120030

❷确保空域数据产生或者颁布修订后，不发生丢失和畸变的程度。

【词条英文】 Integrity

【来源】 民用航空使用空域办法(CCAR-71)

【分类号】 20350043

完整性(航空数据)

航空数据原型或对其进行修改后的航空数据及其数据既没有遗失也没有改动的可信程度。

【词条英文】 Integrity (aeronautical data)

【来源】 《国际民航组织技术文件有关名词解释》(MD-AS-2007-01)

【分类号】 20720016

危害/危险/危险源/危害因素/危害来源

❶可能导致伤害和健康损害的来源。

【注】 危险源可包括导致伤害或危险状态的来源，或可能因暴露而导致伤害或健康的环境。

【词条英文】 Hazard

【来源】 《职业健康安全管理体系 要求及使用指南》(GB/T 45001-2020/ISO 45001：2018)

【分类号】 10560006

❷有可能导致人员受到伤害、疾病或死亡，或者系统、设备或财产遭到破坏或受损，或者环境受到破坏的任何现有的或潜在的状况。

【词条英文】 Hazard Source
【来源】 维修单位的安全管理体系 AC-145-15
【分类号】 20450026

❸可能引发或促成事故、事故征候或其他不安全事件的状况或物品，包括制度程序、职责、人员、设备设施/物品、落实、监督检查、运行环境、实施效果等方面内容。
【来源】《民航安全隐患排查治理长效机制建设指南》（民航规〔2019〕11 号）
【分类号】 10150001

❹可能造成人员伤亡、疾病、财产损失、工作环境破坏的根源或状态。
【词条英文】 Hazard
【来源】《职业健康安全管理体系要求》（GBT 28001—2011）
【分类号】 10560011

危害辨识/危险源辨识

❶识别危险源的存在并确定其特性的过程。
【词条英文】 Hazard identification
【来源】《职业健康安全管理体系 要求》（GBT 28001-2011）
【分类号】 10560007

❷识别危害的存在并确定其性质的过程。
【词条英文】 Hazard identification
【来源】《职业健康安全管理体系要求》（GBT 28001-2011）
【分类号】 10560012

危险灯标 用以标明对空中航行有危险的航空灯标。

【词条英文】 Hazard beacon

【英文释义】 An aeronautical beacon used to designate a danger to air navigation.

【来源】《民用机场飞行区技术标准》(MH5001-2021)、国际民航组织公约附件14《机场》

【分类号】 20260032

危险品 ❶在空运时能对健康、安全或财产构成重大危险的物品或物质。

【注】 危险品分类见附件18《危险品的安全航空运输》第3章。

【词条英文】 Dangerous goods

【来源】《国际民航组织技术文件有关名词解释》(MD-AS-2007-01)

【分类号】 10520009

❷是指列在《技术细则》危险品清单中或者根据该细则归类的能对健康、安全、财产或者环境构成危险的物品或者物质。

【注】《技术细则》是指根据国际民航组织理事会制定的程序而定期批准和公布的《危险物品安全航空运输技术细则》(Doc9284号文件)。

【来源】《民用航空危险品运输管理规定》(CCAR-276-R1)

【分类号】 20650001

危险品事故 是指与危险品航空运输有关联,造成致命或者严重人身伤害或者重大财产损坏或者破坏环境的事故。

【来源】《民用航空危险品运输管理规定》(CCAR-276-R1)

【分类号】 20650008

危险品事故征候 是指不同于危险品事故，但与危险品航空运输有关联，不一定发生在航空器上，但造成人员受伤、财产损坏或者破坏环境、起火、破损、溢出、液体渗漏、放射性渗漏或者包装物未能保持完整的其他情况。任何与危险品航空运输有关并严重危及航空器或者机上人员的事件也被认为构成危险品事故征候。

【来源】《民用航空危险品运输管理规定》(CCAR-276-R1)

【分类号】 20650009

危险区 ❶规定时间内，对航空器的飞行存在危险活动的一个划定范围的空域。

【词条英文】 Danger area

【来源】《国际民航组织技术文件有关名词解释》(MD-AS-2007-01)

【分类号】 10520010

❷机场活动区内有发生碰撞或跑道侵入的记录或潜在风险的，且驾驶员/司机有必要加强注意的地点。

【词条英文】 Hot spot

【英文释义】 A location on an aerodrome movement area with a history or potential risk of collision or runway incursion, and where heightened attention by pilots/drivers is necessary.

【来源】 国际民航组织公约附件14《机场》

【分类号】 20210043

危险物品 是指易燃易爆物品、危险化学品、放射性物品等能够危及人身安全和财产安全的物品。

【来源】《中华人民共和国安全生产法》(2021)

W

【分类号】 10530001

威胁 在没有适当威胁防范措施的情况下,可能会导致危险(即无人机运行失控)的事件。

【来源】《特定类无人机试运行管理规程(暂行)》(AC-92-2019-12)

【分类号】 20750016

维修差错 在维修活动中,由于维修责任造成的威胁飞行安全、违反适航规章或具有一定直接经济损失的航空器、航空器部件、车辆、设备、设施损坏和人员受伤,但其程度未构成维修事故征候的时间。

【词条英文】 Maintenance Errors

【来源】 民用航空器维修管理规范 MHT 3010.3-2006

【分类号】 20450023

维修方案 ❶是指一套文件,该文件描述说明了适用于特定飞机并确保其安全运行的维修任务及其实施的周期和相关的程序等。维修方案应当基于 MRB 报告编制,同时航空运营人还应当结合设计批准书持有人推荐的维修计划大纲、飞机的实际运行环境运行种类、使用特点以及局方的强制性要求等。

【来源】《大型飞机公共航空运输承运人运行合格审定规则》(CCAR-121-R5)(交通运输部 2017 年第 29 号)

【分类号】 20150163

❷根据经适航部门批准或认可的航空器维修大纲或维护技术规程及航空器制造厂推荐的维修计划文件,并结合公司的具体情况编写且经适航部门批准的用于该型航空器维修工作的基本文件。

【词条英文】 Maintenance Scheme

【来源】 航空器航线维修(AC-121-53)

【分类号】 20450012

维修放行 是指通过一套包括相关证书和证明材料的文件，以证实相关的维修工作已经按照经局方批准的数据，以及相关的规定、标准、程序或与之等效的要求得以满意地完成本规则中所提及的“飞机”是指飞机的维修放行。

【来源】 《大型飞机公共航空运输承运人运行合格审定规则》(CCAR-121-R5)(交通运输部2017年第29号)

【分类号】 20150183

维修工程管理手册 是指航空运营人编制的有关飞机维修实施、计划、控制和工程技术管理的说明文件，该文件将包括相关原则、管理要求、技术标准和实施程序等方面的内容，并以此来确保运营人飞机相关的所有计划和非计划维修能够得到有效的控制，并得以及时、满意的执行。

【来源】 《大型飞机公共航空运输承运人运行合格审定规则》(CCAR-121-R5)(交通运输部2017年第29号)

【分类号】 20150178

维修活动 对航空器、航空器部件及维修设施所进行的管理、使用、检查、维护、修理、排故、更换、改装、翻修等活动。

【词条英文】 Maintenance Activities

【来源】 民用航空器维修管理规范MHT 3010.3-2006

【分类号】 20450024

维修记录 对航空器及航空器部件所进行的任何检测、修理、排故、定期检修、翻修和改装等不同形式维修工作的记录。

【词条英文】 Maintenance records
【来源】 《中华人民共和国民用航空行业标准》(MH/T3010.7-2006)民用航空器维修记录的填写
【分类号】 20460017

维修能力评审 是对适航当局批准项目的评审,应覆盖适航当局批准的所有能力,包括附件能力,局方颁发证书中的维修项目以及所有航线维修站的能力。维修能力评审是从人、机、料、法、环五个方面进行评估,以确定相关批准项目的保持状态。
【词条英文】 Maintenance Capability Review
【来源】 中国民航维修管理手册 CAAC MMM
【分类号】 20450028

维修审查委员会报告 由制造国当局制定和批准的、针对衍生型号或新型号审定航空器的初始最低维护检查要求,该报告包含了对航空器、在翼发动机维修方案的初始最低维护检查要求,但并未包含对独立未装机发动机的维修方案。该报告将成为航空器运营人建立自己维修方案的一个基础,其中的要求对相同型号的航空器都是适用的。
【词条英文】 Maintenance Review Board Report
【来源】 中国民用航空规章第 121 部、135 部、25 部
【分类号】 20450030

维修事故 在维修活动中,由于维修责任造成的具有巨大直接经济损失的航空器、航空器部件、车辆、设备、设施损坏和人员重伤或人员死亡的事件。
【词条英文】 Maintenance accidents
【来源】 《民用航空器维修管理规范》第 3 部分:民用航空器维修

事故与差错(MH/T 3010.3-2006)

【分类号】 10360014

维修事故征候 在维修活动中,由于维修责任造成的严重维修飞行安全的事件或具有重大直接经济损失的航空器、航空器部件、车辆、设备、设施损坏和人员致残,但其程度未构成维修事故的事件。

【词条英文】 Maintenance incidents

【来源】 《民用航室器维修管理规范》第 3 部分:民用航空器维修事故与差错(MH/T 3010.3-2006)

【分类号】 10360015

维修证明文件 对航空器或其部件完成了规定维修工作的证明性材料。

【词条英文】 Maintenance proving documents

【来源】 《中华人民共和国民用航空行业标准》(MH/T3010.7-2006)民用航空器维修记录的填写

【分类号】 20460018

尾流 航空器运行引起的对其周围大气的扰动。包括动力装置排气引起的紊流、翼尖涡流等。

【词条英文】 Wake Turbulence

【来源】 《中国民用航空空中交通管理规则》(CCAR-93-R5)(交通运输部 2017 年第 30 号)

【分类号】 20350067

温带气旋 通常也称中纬度气旋,在中纬度地区发生的天气尺度的低气压天气系统,无热带和极地天气系统特征。温带气旋通常与锋面以及斜压区有关。温带气旋是典型的低气压系统，影响全球大部分地区，从而产生各种天气现象，如多云、小阵雨、大风、雷暴等。

【来源】 《航空器驾驶员指南-雷暴、晴空颠簸和低空风切变》(AC-91-FS-2014-20)

【分类号】 20150208

文件化信息

组织需要控制并保持的信息及其载体

【注 1】 文件化信息可以任何形式和载体存在，并可来自任何来源。

【注 2】 文件化信息可涉及：

(1)管理体系，包括相关过程；

(2)为组织运行而创建的信息(文件)；

(3)结果实现的证据(记录)。

【词条英文】 Documented information

【来源】 《职业健康安全管理体系 要求及使用指南》(GB/T 45001-2020/ISO 45001：2018)

【分类号】 10560043

污染跑道

飞机起降需用距离的表面可用部分的长和宽内超过25％的面积(单块或多块区域之和)被超过3毫米(0.118英寸)深的积水，或者被当量厚度超过3毫米(0.118英寸)水深的融雪、湿雪、干雪，或者压紧的雪和冰(包括湿冰)等污染物污染的跑道。如果跑道的重要区域，包括起飞滑跑的高速段或起飞抬轮和离地段的跑道表面被上述污染物覆盖，也应该算作污染跑道。

【来源】 《大型飞机公共航空运输承运人运行合格审定规则》(CCAR-121-R5)(交通运输部2017年第29号)

【分类号】 20150164

无激光束飞行区（LFFZ） 紧邻机场的空域，在该空域内激光辐射照度被限制在不太可能造成视觉混乱的程度。

【词条英文】 Laser-beam free flight zone (LFFZ)

【英文释义】 Airspace in the immediate proximity of the aerodrome where the irradiance is restricted to a level unlikely to cause any visual disruption.

【来源】 国际民航组织公约附件14《机场》

【分类号】 20210044

无可用备降机场的特定目的地机场（孤立机场） 是指对于某一机型没有合适目的地备降机场的目的地机场，当从目的地机场决断高度/高或复飞点复飞改航至最近合适备降机场的所需燃油超过下列数值时，合格证持有人应当将该目的地机场视为无可用备降机场的特定目的地机场。

(1)对于涡轮发动机飞机，以等待速度在机场上空450米(1500英尺)高度上在标准条件下飞行90分钟所需的油量。

(2)对于活塞发动机飞机，以等待速度在机场上空450米(1500英尺)高度上在标准条件下飞行75分钟所需的油量。

【来源】 《大型飞机公共航空运输承运人运行合格审定规则》(CCAR-121-R5)(交通运输部2017年第29号)

【分类号】 20150165

无人机 ❶是由控制站管理(包括远程操纵或自主飞行)的航空器。

【词条英文】 Unmanned aircraft

【来源】 《民用无人机驾驶员管理规定》

【分类号】 20750002

W

❷是指机上没有驾驶员进行操作的遥控航空器或自主航空器，不包括模型航空器。

【词条英文】 Unmanned aircraft，缩写为 UA

【来源】《特定类无人机试运行管理规程（暂行）》（AC-92-2019-01）

【分类号】 20750005

无人机观测员 由运营人指定的训练有素的人员，通过目视观测无人机，协助无人机驾驶员安全实施飞行。

【来源】《特定类无人机试运行管理规程（暂行）》（AC-92-2019-03）

【分类号】 20750007

无人机系统 ❶是指由无人机、相关的控制站、所需的指令与控制数据链路以及批准的型号设计规定的任何其他部件组成的系统。

【词条英文】 Unmanned aircraft system

【来源】《民用无人机驾驶员管理规定》

【分类号】 20750003

❷是指无人机以及与其相关的遥控站（台）、任务载荷和控制链路等组成的系统。

【词条英文】 Unmanned aircraft system，缩写为 UAS

【来源】《特定类无人机试运行管理规程（暂行）》（AC-92-2019-02）

【分类号】 20750006

无人机云系统 是指轻小民用无人机运行动态数据库系

统，用于向无人机用户提供航行服务、气象服务等，对民用无人机运行数据（包括运营信息、位置、高度和速度等）进行实时监测。
【词条英文】 Unmanned cloud system
【来源】《民用无人机驾驶员管理规定》
【分类号】 20750004

无人驾驶航空器 没有机载驾驶员操纵的航空器。
【词条英文】 Unmanned aircraft
【来源】《中国民用航空空中交通管理规则》(CCAR-93-R5)（交通运输部 2017 年第 30 号）
【分类号】 20350288

误机 指旅客未按规定时间办妥乘机手续或因旅行证件不符合规定而未能乘机。
【来源】《中国民用航空总局关于修订〈中国民用航空旅客、行李国内运输规则〉的决定》(CCAR-271TR-R2)
【分类号】 20650035

X

下冲气流 小规模柱状气流快速地向地面运动，通常伴随着降水如阵性降雨或雷暴。强下冲气流会形成微下击暴流。
【来源】《航空器驾驶员指南-雷暴、晴空颠簸和低空风切变》(AC-91-FS-2014-20)
【分类号】 20150207

限制区 一个国有陆地领域或领海上空划定范围内，航空器飞行受到某些规定条件限制的空间。
【词条英文】 Restricted Area

【来源】《中国民用航空空中交通管理规则》(CCAR-93-R5)(交通运输部 2017 年第 30 号)
【分类号】 20350069

线性工作范围 对于规定的级程和频率,整个测量系统输入的稳定正弦电信级的范围,不包括传声器,但包括传声器前置放大器和其他传声器系统的信号调节设备。在此范围内,非线性级在规定的容限内,以 dB 为单位。
【注】 确定线性工作范围时不必考虑传声器电缆。
【来源】 航空器型号和适航合格审定噪声规定(CCAR-36-R1)
【分类号】 20450015

相关方/利益相关方 可影响决策或活动、受决策或活动所影响,或者自认为受决策或活动影响的个人或组织。
【词条英文】 Interested party/stakeholder
【来源】《职业健康安全管理体系 要求及使用指南》(GB/T 45001-2010/ISO 45001:2018)
【分类号】 10560026

X

相关平行进近 在两条相邻的平行或近似平行仪表跑道中心线延长线上航空器之间配备最小雷达间隔的同时进近。
【词条英文】 Dependent parallel approaches
【英文释义】 Simultaneous approaches to parallel or near-parallel instrument runways where radar separation minima between aircraft on adjacent extended runway centre lines are prescribed.
【来源】《民用机场飞行区技术标准》(MH5001-2021)、国际民航组织公约附件 14《机场》
【分类号】 20260033

消防通道 在发生航空器事故或事件情况下，为保障消防车辆快速到达救援地点所提供的道路。

【来源】 国际民航组织公约附件14《机场》《民用航空运输机场飞行区消防设施》(MH/T 7015-2007)

【分类号】 20210054

消防用水量 消防用水量应为车载泡沫补充水量、储备泡沫用水量和冷却航空器用水量之和。

【来源】 国际民航组织公约附件14《机场》

【分类号】 20210055

销售代理人 指从事民用航空运输销售代理业务的企业。

【来源】《中国民用航空总局关于修订〈中国民用航空旅客、行李国内运输规则〉的决定》(CCAR-271TR-R2)

【分类号】 20650018

协商 决策前征询意见。

【注】 协商包括使康安全委员会和工作人员代表(若有)加入。

【词条英文】 Consultation

【来源】《职业健康安全管理体系 要求及使用指南》(GB/T 45001-2020/ISO 45001：2018)

【分类号】 10560029

协议维修单位 是指通过与运营人正式签订协议接受委托和授权，根据运营人的维修方案、维修技术要求和改装方案选择或者安排实施维修工作，并至少在运营人基地提供航线维修的维修单位。

【来源】《大型飞机公共航空运输承运人运行合格审定规则》(CCAR-121-R5)(交通运输部2017年第29号)

【分类号】 20150104

斜压 是指等压面和等温面有交角的气压分布。中纬度地区由于太阳辐射差异使南北温差大,等温面与等压面不平行,进而产生斜压。

【来源】《航空器驾驶员指南-雷暴、晴空颠簸和低空风切变》(AC-91-FS-2014-20)

【分类号】 20150212

新雇员训练 ❶是指合格证持有人新雇佣的人员,或者已经雇佣但没有在机组成员或者飞行签派员工作岗位上工作过的人员,在进入机组成员或者飞行签派员工作岗位之前需要进行的训练。新雇员训练包括基础理论教育和针对特定机型和岗位的训练。

X

【来源】《大型飞机公共航空运输承运人运行合格审定规则》(CCAR-121-R5)(交通运输部2017年第29号)

【分类号】 20150105

❷是指合格证持有人新雇佣的人员,或者已雇佣但没有在机组成员岗位上工作过的人员,在进入机组成员岗位之前所需进行的训练。新雇员训练包括基础理论教育和针对特定机型和岗位的训练。

【来源】 小型航空器商业运输运营人运行合格审定规则(CCAR-135)

【分类号】 20150142

信息通告 是各职能部门下发的反映民用航空活动中出现的新情况以及国内外有关民航技术上存在的问题进行通报的文件。

【词条英文】 Information Bulletin

【来源】《中国民航航空安全方案》(CCAR398)

【分类号】 10120008

行李(物品) 是指旅客在旅行中为了穿着、使用、舒适或者方便的需要而携带的物品和其他个人财物。包括随身行李物品(自理行李)、托运行李。

【来源】《民用航空安全检查规则》(CCAR-339-R1)、《中国民用航空总局关于修订〈中国民用航空旅客、行李国内运输规则〉的决定》(CCAR-271TR-R2)

【分类号】 20550016

型号认可证书 外国制造人生产的任何型号的民用航空器及其发动机、螺旋桨和民用航空器上设备，首次进口中国的，该外国制造人应当向国务院民用航空主管部门申请领取型号认可证书。经审查合格的，发给型号认可证书。

【来源】《中华人民共和国民用航空法》(2021 年 4 月 29 日第六次修正)

【分类号】 20730013

幸存者 是指在民用航空器飞行事故中，没有因为事故受到致命伤害或者受到致命伤害经抢救而存活的人员。

【来源】《民用航空器飞行事故应急反应和家属援助规定》(CCAR-399)

【分类号】 10450019

X

修正海平面气压 通过对观测到的场面气压，按照标准大气条件修正到平均海平面的气压。

【词条英文】 QNH

【来源】《中国民用航空空中交通管理规则》(CCAR-93-R5)(交通运输部2017年第30号)

【分类号】 20350218

修正海压高度 自平均海平面量至一个面，一个点或作为一个点的物体的垂直高度。

【词条英文】 Altitude

【来源】 国际民用航空组织《空中交通管理》Doc4444

【分类号】 20350143

虚警率 在规定时间内，实际并不存在而由系统错误报告的冲突的次数。

【词条英文】 False alarm rate

【来源】《国际民航组织技术文件有关名词解释》(MD-AS-2007-01)

【分类号】 20720017

许可界限 空中交通管制许可航空器到达的点。

【词条英文】 Clearance Limit

【来源】 国际民用航空组织《空中交通管理》Doc4444

【分类号】 20350145

旋翼机 是指一种重于空气的航空器，其飞行升力主要由一个或几个旋翼上的空气反作用取得。

【来源】《民用航空器驾驶员、飞行教员和地面教员合格审定规则》(CCAR-61R2)
【分类号】 20150186

雪情通告 航行通告的一个专门系列,是以特定格式拍发的,针对机场活动区内有雪、冰、雪浆及其相关的积水导致危险的出现和排除情况的通告。
【词条英文】 SNOWTAM
【来源】 民用航空情报工作规则(CCAR-175)
【分类号】 20350272

巡航高度层 飞行的大部分时间所保持的高度层。
【词条英文】 Cruising level
【来源】《中国民用航空空中交通管理规则》(CCAR-93-R5)(交通运输部 2017 年第 30 号)
【分类号】 20350176

巡航爬高 由于航空器质量减轻导致高度净增的一种航空器巡航技术。
【词条英文】 Cruise climb
【来源】《中国民用航空空中交通管理规则》(CCAR-93-R5)(交通运输部 2017 年第 30 号)
【分类号】 20350175

循环冗余校验 ❶一种适用于数据的数字表达的数学算法,这种算法可为防止数据丢失或改变提供一定保证。
【词条英文】 Cyclic redundancy check (CRC)
【英文释义】 A mathematical algorithm applied to the digital ex-

pression of data that provides a level of assurance against loss or alteration of data.

【来源】 国际民航组织公约附件 14《机场》

【分类号】 20210046

❷适用于数据的以数学表达式形式表示的一种数学算法，这种算法可以确保数据免于丢失或者畸变。

【词条英文】 Cyclic redundancy check (CRC)

【来源】 民用航空使用空域办法(CCAR-71)

【分类号】 20350029

训练期 是指专门用于在经局方为相关目的批准的设备上进行训练的一个连续的计划时间段。

【来源】 《大型飞机公共航空运输承运人运行合格审定规则》(CCAR-121-R5)(交通运输部 2017 年第 29 号)

【分类号】 20150066

训练时间 是指受训人在飞行中、地面上、飞行模拟机或飞行训练器上从授权教员处接受训练的时间。

【来源】 《民用航空器驾驶员、飞行教员和地面教员合格审定规则》(CCAR-61R2)

【分类号】 20150118

训练事故征候 培养飞行学生的院校或被局方批准的训练机构，使用最大起飞重量 5700 千克以下(含)的航空器和 3125 千克以下(含)的直升机，从事训练飞行时发生的事故征候。

【词条英文】 Training incident

【来源】 《国际民航组织技术文件有关名词解释》(MD-AS-2007-

01)

【分类号】 10320011

Y

延程运行 在飞机计划运行的航路上至少存在一点到任一延程运行可选备降机场的距离超过飞机在标准条件下静止大气中以经批准的一台发动机不工作时的巡航速度飞行60分钟对应的飞行距离(以两台涡轮发动机为动力的飞机)或超过180分钟对应的飞行距离(以多于两台涡轮发动机为动力的载客飞机)的运行。

【来源】《大型飞机公共航空运输承运人运行合格审定规则》(CCAR-121-R5)(交通运输部2017年第29号)

【分类号】 20150084

延程运行备降机场 是指列入合格证持有人运行规范并且在签派或放行时指定的在延程运行改航时可使用的合适机场。这一定义适用于飞行计划,对机长在运行过程中选择备降机场没有约束力。

【来源】《大型飞机公共航空运输承运人运行合格审定规则》(CCAR-121-R5)(交通运输部2017年第29号)

【分类号】 20150074

延程运行关键系统 是指包括发动机在内的飞机系统,其失效或发生故障时会危及延程运行安全全,或危及飞机在延程运行改航备降时飞行和着陆的安全。

【来源】《大型飞机公共航空运输承运人运行合格审定规则》(CCAR-121-R5)(交通运输部2017年第29号)

【分类号】 20150082

延程运行合格人员 是指圆满完成了合格证持有人的延程运行培训要求、为合格证持有人从事维修工作的人员。

【来源】《大型飞机公共航空运输承运人运行合格审定规则》(CCAR-121-R5)(交通运输部2017年第29号)

【分类号】 20150080

延程运行进入点 是指延程运行航路的第一个进入点,即飞机在标准条件下静止大气中以一台发动机不工作的巡航速度飞行:

(1)对双发飞机,从进入点到合适机场的飞行时间超过60分钟;

(2)对两台以上发动机的载客飞机,从进入点到合适机场的飞行时间超过180分钟。

【来源】《大型飞机公共航空运输承运人运行合格审定规则》(CCAR-121-R5)(交通运输部2017年第29号)

【分类号】 20150078

延程运行区 指下列区域之一:

(1)对以双发涡轮发动机为动力的飞机,延程运行区域是指在标准条件下静止大气中以一台发动机不工作的巡航速度飞行时间超过60分钟才能抵达一个合适机场的区域;

(2)对以两台以上涡轮发动机为动力的载客飞机,延程运行区域是指在标准条件下静止大气中以一台发动机不工作的巡航速度飞行超过180分钟才能抵达一个合适机场的区域。

【来源】《大型飞机公共航空运输承运人运行合格审定规则》(CCAR-121-R5)(交通运输部2017年第29号)

【分类号】 20150076

延伸跨水运行 ❶是指飞机距最近海岸线的水平距离超过93公里(50海里)的跨水运行。

【来源】《大型飞机公共航空运输承运人运行合格审定规则》(CCAR-121-R5)(交通运输部2017年第29号)

【分类号】 20150107

❷是指航空器距最近海岸线的水平距离超过93公里(50海里)的跨水运行。

【来源】 小型航空器商业运输运营人运行合格审定规则(CCAR-135)

【分类号】 20150150

严重风切变 风向或风速的快速变化导致空速的变化大于15海里/小时或垂直速度的变化大于150米(500英尺)/分钟。

【来源】《航空器驾驶员指南-雷暴、晴空颠簸和低空风切变》(AC-91-FS-2014-20)

【分类号】 20150219

Y

严重后果的指标 关于监控和衡量发生严重后果之事件的安全绩效指标,如事故或严重事故征候。严重后果的指标有时被称之为反应性指标。

【词条英文】 High-consequence indicators/Indicators of serious consequences

【英文释义】 Safety performance indicators pertaining to the monitoring and measurement of high-consequence occurrences, such as accidents or serious incidents. High-consequence indicators are sometimes referred to as reactive indicators.

【来源】 国际民用航空组织《安全管理手册》Doc9859 第三版

【分类号】 10520018

严重结冰 快速积累的冰需要最大程度上使用结冰保护系统以使机身上的积冰减到最少。供参考的典型积冰速度为外侧机翼每小时大于 7.5 厘米。飞行员需要考虑立即脱离这种环境。

【词条英文】 Severe Icing

【来源】 飞行员低温冰雪运行指南

【分类号】 20150124

衍生型 是指一种特别构型的航空器，局方已明确其训练和资格认定显著不同于同一制造厂家、型号和系列的其他航空器。

【来源】《大型飞机公共航空运输承运人运行合格审定规则》(CCAR-121-R5)(交通运输部 2017 年第 29 号)

【分类号】 20150068

验证 通过提供客观证据确认某一具体预定用途或应用要求已经达到。这一活动由地面和飞行验证构成。

【词条英文】 Validation

【英文释义】 Confirmation, through the provision of objective evidence, that the requirements for a specific intended useor application have been fulfilled. This activity consists of ground and flight validation.

【来源】 国际民航组织《飞行程序设计质量保证手册》Doc9906

【分类号】 20120031

要求 明示的、通常隐含的或必须满足的需求或期望。

【注 1】 "通常隐含的"是指，对组织和相关方而言，按惯例或常见做法，对这些需求或期望加以考虑是不言而喻的。

【注 2】 规定的要求是指经明示的要求，如文件化信息所阐明的要求。

【词条英文】 Requirement

【来源】 《职业健康安全管理体系 要求及使用指南》(GB/T 45001-2020/ISO 45001：2018)

【分类号】 10560032

遥控站 也称控制站、地面站，UAS 的组成部分，包括用于操纵无人机的设备。

【来源】 《特定类无人机试运行管理规程(暂行)》(AC-92-2019-05)

【分类号】 20750009

液态物品 包括液体、凝胶、气溶胶等形态的液态物品。其包括但不限于水和其他饮料、汤品、糖浆、炖品、酱汁、酱膏；盖浇食品或汤类食品；油膏、乳液、化妆品和油类；香水；喷剂；发胶和沐浴胶等凝胶；剃须泡沫、其他泡沫和除臭剂等高压罐装物品(例如气溶胶)；牙膏等膏状物品；凝固体合剂；睫毛膏；唇彩或唇膏；或室温下稠度类似的任何其他物品。

【来源】 《民用航空安全检查规则》(CCAR-339-R1)

【分类号】 20550019

一般飞行事故 凡属于下列情况之一者：

(1)人员重伤，重伤人数在 10 人及其以上；

(2)最大起飞质量在 5.7t(含)以下的航空器严重损坏或迫降在无法运出的地方；

(3)最大起飞质量在 5.7～50t(含)的航空器一般损坏，其修复费用超过事故当时同型或同类可比新航空器价格的 10%(含)；

(4)最大起飞质量 50t 以上的航空器一般损坏，其修复费用超

Y

过事故当时同型或同类可比新航空器价格的5%(含)。
【词条英文】 General flight accident
【来源】《民用航空器维修管理规范》第3部分:民用航空器维修事故与差错(MH/T 3010.3—2006)
【分类号】 10360016

一般国际运输机场 是指除局方指定的特别繁忙机场之外的国际机场。
【来源】 一般运行和飞行规则(CCAR-91-R2)
【分类号】 20150004

一般国内运输机场 是指有公共航空运输定期航班到达的运输类机场。
【来源】 一般运行和飞行规则(CCAR-91-R2)
【分类号】 20150006

Y

一般事件 是指在民用航空器运行阶段或者在机场活动区内发生的与航空器有关的航空器损伤、人员受伤或者其他影响安全的情况,但其严重程度未构成征候的事件。
【词条英文】 General Case
【来源】《民用航空器事件调查规定》(CCAR-395-R2)
【分类号】 10350006

一岗双责 指民航各单位党政领导在履行岗位业务工作职责的同时,按照“谁主管、谁负责”“管行业必须管安全、管业务必须管安全、管生产经营必须管安全”的原则,履行安全生产工作职责。
【来源】《民航安全生产管理责任指导意见》(民航发[2015]133号)

【分类号】 10250019

一台发动机不工作的巡航速度 是指合格证持有人选定且经局方批准的在飞机额定限制范围内的一个速度,用于:

(1)计算一台发动机不工作时所需燃油储备;

(2)确定在延程运行中飞机能否在批准的最长改航时间内飞抵延程运行备降机场。

【来源】 《大型飞机公共航空运输承运人运行合格审定规则》(CCAR-121-R5)(交通运输部 2017 年第 29 号)

【分类号】 20150094

医疗救护 使用装有专用医疗救护设备的民用航空器,为紧急施救患者而进行的飞行活动

【来源】 《通用航空经营许可管理规定》(CCAR-290)

【分类号】 20150050

仪表飞行程序 以电子和、或印刷方式公布的参照飞行仪表,对一系列预定飞行机动的描述。

【词条英文】 Instrument flight procedure

【来源】 国际民航组织《飞行程序设计质量保证手册》Doc9906

【分类号】 20150133

仪表飞行规则 按照仪表气象条件飞行的规则。

【词条英文】 Instrument flight rules

【来源】 《中国民用航空空中交通管理规则》(CCAR-93-R5)(交通运输部 2017 年第 30 号)

【分类号】 20350201

仪表进近　执行仪表飞行规则飞行的航空器按照仪表进近程序所进行的仪表进近或雷达进近。

【词条英文】 Instrument apponach

【来源】《中国民用航空空中交通管理规则》(CCAR-93-R5)(交通运输部 2017 年第 30 号)

【分类号】 20350199

仪表进近程序　❶一系列预先规定的、参照飞行仪表的机动飞行,以便从起始进近定位点(或,如适用时,由规定的进场航线的起始点)至另一点的飞行阶段,保持离开障碍物的保护间隔。

【注】 另一点是指自该点起可完成着陆,或者如未能完成着陆可飞至一个适用于等待或航路超障准则的位置。

【词条英文】 Instrument Approach Procedure

【来源】 国际民用航空组织《空中交通管理》Doc4444

【分类号】 20350147

❷对障碍物保持规定的安全保护,参照飞行仪表所进行的一系列预定的机动飞行。这种机动飞行,从开始进近定位点或适用时从规定的进场航线开始,至完成着陆的一点为止。此后,如果不能完成着陆,则飞至使用等待或航路超障准则的位置。

【词条英文】 Instrument approach procedure

【来源】《中国民用航空空中交通管理规则》(CCAR-93-R5)(交通运输部 2017 年第 30 号)

【分类号】 20350200

仪表跑道　配备有目视助航设施和非目视助航设施,供飞机用仪表进近程序飞行的跑道,仪表跑道按运行条件分为非精密进近跑道、Ⅰ类精密进近跑道、Ⅱ类精密进近跑道和Ⅲ类精密进近跑道。

【注】 目视助航设施不一定与所设置的非目视助航设施的等级相匹配,选择目视助航设施的准则取决于所拟运行的各种状况。

【词条英文】 Instrument runway

【来源】《民用机场飞行区技术标准》(MH5001-2021)

【分类号】 20260034

仪表气象条件

是指用能见度、离云的距离和云高表示,低于为目视气象条件所规定的最低标准的气象条件。

【词条英文】 Instrument meteorologicalconditions

【来源】 《大型飞机公共航空运输承运人运行合格审定规则》(CCAR-121-R5)(交通运输部 2017 年第 29 号)、小型航空器商业运输运营人运行合格审定规则(CCAR-135)、《中国民用航空空中交通管理规则》(CCAR-93-R5)(交通运输部 2017 年第 30 号)

【分类号】 20150108

移交单位

向航空器提供空中交通管制服务的责任,按进程移交给沿飞行航路的下一个空中交通管制单位。

【词条英文】 Transferring unit

【来源】《中国民用航空空中交通管制规则》(CCAR-93-R5)(交通运输部 2017 年第 30 号)

【分类号】 20350255

易折物体

❶一种设计成受到冲击便会折断、扭曲或弯曲,从而对航空器造成最小危害的轻质量物体。

【词条英文】 Frangible object

【英文释义】 An object of low mass designed to break, distort or yield on impact so as to present the minimum hazard to air-

Y

craft.

【来源】 国际民航组织公约附件 14《机场》

【分类号】 20210047

❷在规定的冲击力下会折断(破碎)、扭曲或弯曲,从而对航空器的危害达到最小的轻质量物体。

【词条英文】 Frangible object

【来源】《民用机场飞行区技术标准》(MH5001-2021)

【分类号】 20260035

翼展 沿垂直于飞机对称平面的方向,机翼左、右翼尖间的距离。

【词条英文】 Wingspan

【来源】《中华人民共和国民用航空行业标准》(MH/T3011.2-2006)民用航空器的停放与系留

【分类号】 20160003

影响航空器安全运行 影响航空器安全运行的情况包括但不限于导致或可能造成:航空器中断起飞、采取避让措施、空中等待、改变进近方式、中止进近、复飞、返航、备降、跑道侵入、占用跑道、实施跑道检查、紧急制动、航空器损伤等。

【来源】《事件样例》(AC-396-08R2)

【分类号】 10250011

应答时间 从消防服务机构接到的首次呼救至应答救援的第一辆(或几辆)车到达并按规定喷射率的至少 50%施放灭火泡沫混合液的时间。

【来源】 国际民航组织公约附件 14《机场》《民用航空运输机场飞

行区消防设施》(MH/T 7015—2007)

【分类号】 20210056

应急定位发射机 是一类用于应急情况下以搜救为目的的位置指示设备的统称，这类设备在指定的无线电频率上广播、发射一独特的信号，根据应用的不同，此类设备可以通过外部冲击自动激活，或通过手动缴活，此类设备包括下述类型：

(1)固定自动式应急定位发射机：是指永久固定在飞机上自动激活的应急定位发射机。

(2)便携自动式应急定位发射机：是指可靠地固定在飞机上，但易于从飞机上取下来的自动激活的应急定位发射机。

(3)自动展开式应急定位发射机：是指可靠地固定在飞机上，通过外部冲击自动展开和激活的应急定位发射机；在某些情况下，该类型应急定位发射机还可以通过水传感器来展开和激活，并具备人工展开的功能。

(4)救生型应急定位发射机：是指可以从飞机上取下来，其存储方式易于在紧急情况下取用，并且通过幸存者以人工方式激活的应急定位发射机。

【来源】《大型飞机公共航空运输承运人运行合格审定规则》(CCAR-121-R5)(交通运输部 2017 年第 29 号)

【分类号】 20150175

应急事件 导致或即将导致运行维护服务对象运行中断、运行质量降低，以及需要实施重点时段保障的事件。

【词条英文】 Emergency event

【来源】《民用运输机场突发事件应急救援管理规则》

【分类号】 10450013

应急响应 组织为预防、监控、处置和管理应急事件所采取的措施和活动。

【词条英文】 Emergency response

【来源】《民用运输机场突发事件应急救援管理规则》

【分类号】 10450014

有害作业 容易导致职业伤害或职业病，对操作者本人、他人及周围环境的安全有重大危害的作业。

【词条英文】 Hazardous operation

【来源】《中华人民共和国民用航空行业标准》(MH/T3013.10-2012)职业安全健康管理体系实施指南

【分类号】 10560003

有效光强 闪光灯的有效光强等同于在同等观察条件下产生同等视程的同色恒定发光灯的光强，单位为坎德拉(cd)。

【词条英文】 Effective intensity

【英文释义】 The effective intensity of a flashing light is equal to the intensity of a fixed light of the same colour which will produce the same visual range under identical conditions of observation.

【来源】《民用机场飞行区技术标准》(MH5001-2021)、国际民航组织公约附件14《机场》

【分类号】 20260036

有效性 完成策划的活动并得到策划结果的程度。

【词条英文】 Effectiveness

【来源】《职业健康安全管理体系 要求及使用指南》(GB/T 45001-2020/ISO 45001：2018)

【分类号】 10560036

诱因 影响人的行为表现，对事故、事故征候及其他不安全事件的发生起一定作用的因素或原因。

【词条英文】 Contributing factor

【来源】《中华人民共和国民用航空行业标准》(MH/T3010.18-2006)维修人为因素方案指南

【分类号】 20460013

渔业飞行 使用装有或搭载专用仪器的民用航空器对渔业资源分布、使用情况进行的监测、调查、取证等飞行活动。

【来源】《通用航空经营许可管理规定》(CCAR-290)

【分类号】 20150052

预订维修大纲指定文件 是由美国联邦航空局(FAA)、美国航空运输协会(ATA)、美国和欧洲的飞机/发动机制造厂家、多国的航空公司联合制定的维修决断逻辑和分析程序，又称"航空公司/制造人维修大纲制定文件"。MSG -3 是针对维修工作的分析逻辑，其分析结果是为系统/分系统指定具体的维修工作。

【词条英文】 MSG -3

【来源】 CAAC AC-121 AA-02R1 和 FAA AC121-22A

【分类号】 20450009

预防措施 为消除潜在不符合或其他潜在不期望情况的原因所采取的措施。

【注】 一个潜在不符合可以有若干个原因。

【词条英文】 OH&S policy

Y

【来源】《职业健康安全管理体系 要求》(GB/T 28001—2011)
【分类号】 10560021

预计到达时间 预计航空器到达指定位置点(利用导航设备予以确定)的时间(对 IFR 飞行而言),或预计航空器到达机场上空的时间(如机场无导航设备,或对 VFR 飞行而言)。
【词条英文】 Estimated time of Arrival
【来源】 国际民用航空组织《空中交通管理》Doc4444
【分类号】 20350149

预计到达时刻 对于仪表飞行规则飞行,是航空器到达基于导航设施确定的指定点上空的预计时刻,并预定从该点开始仪表进近程序。如果该机场没有相应的导航设施,则为航空器将要达到该机场上空的时刻。对于目视飞行规则 飞行,为航空器将要到达该机场上空的预计时刻。
【词条英文】 Estimated time of arrival
【来源】《中国民用航空空中交通管理规则》(CCAR-93-R5)(交通运输部 2017 年第 30 号)
【分类号】 20350183

预计进近时间 空中交通管制预计进场航空器,经推迟着陆后,飞离等待点开始进入着陆的时间。
【词条英文】 Expected Approach Time
【来源】 国际民用航空组织《空中交通管理》Doc4444
【分类号】 20350151

预计进近时刻 进场航空器在延迟之后,管制单位预计其完成进近着陆飞离等待点的时刻。

【词条英文】 Expexcted approach time
【来源】《中国民用航空空中交通管理规则》(CCAR-93-R5)(交通运输部 2017 年第 30 号)
【分类号】 20350184

预期运行条件 预期运行条件源自经验或者航空器运行中可能发生的状况确定。预期运行条件与大气的气象状态相关，与地形条件相关，与航空器的性能相关，与人员效率相关，与所有影响飞行安全的因素相关。预期运行条件不包括：可以通过运行程序有效避免的极端状况和其他极端状况。这些极端状况极少发生，以至于在这些极端状况中要满足标准需要比经验已表明是必须的和现实的适航水平更高。
【词条英文】 Anticipated operating conditions
【来源】《国际民航组织技术文件有关名词解释》(MD -AS -2007-01)
【分类号】 20120015

预先评估 是指在对一个持续资格课程的训练期中给出的那些科目进行简令、训练或实际操作前，用于确定受训人员对指定飞行科目熟练程度的一种表现评估。预先评估是在高级训练大纲持续资格循环期间实施的，用于确定是否有熟练程度降低的趋势，如果存在，则其部分原因可能是由于训练期之间的间隔时间太长。
【来源】《大型飞机公共航空运输承运人运行合格审定规则》(CCAR-121-R5)(交通运输部 2017 年第 29 号)
【分类号】 20150048

遇险 航空器及其机上人员遇到紧急和严重危险需要立即救援的状况。

【词条英文】 Distress
【来源】 国际民用航空组织《空中交通管理》Doc4444
【分类号】 20350153

遇险阶段 有理由相信航空器及其机上人员遇到紧急和严重危险，需要立即援救的情况。
【词条英文】 Distress phase/ detresfa
【来源】《中国民用航空空中交通管理规则》(CCAR-93-R5)(交通运输部2017年第30号)、《国际民航组织技术文件有关名词解释》(MD-AS-2007-01)
【分类号】 20350180

员工的安全健康代表 员工根据国家法律、法规和惯例选举或指定的在作业场所职业安全健康问题上代表员工利益的人。
【词条英文】 Worker's safety and health representstive
【来源】《职业健康安全管理体 要求》(GBT 28001—2011)
【分类号】 10560015

原地待命 航空器空中发生故障等突发事件，但该故障仅对航空器安全着陆造成困难，各救援单位应当做好紧急出动的准备。
【来源】《民用运输机场突发事件应急救援管理规则》
【分类号】 10450010

原因 导致事故或事故征候的行为、失职、情况、条件或其综合。
【词条英文】 Cause
【来源】《国际民航组织技术文件有关名词解释》(MD -AS -2007-

01)

【分类号】 10320013

援救协调中心 负责督促并有效的组织本搜寻援救区内搜寻和援救服务、协调搜寻和援救工作的实施单位。

【词条英文】 Rescue coordination centre

【来源】 《中国民用航空空中交通管理规则》(CCAR-93-R5)(交通运输部 2017 年第 30 号)、《国际民航组织技术文件有关名词解释》(MD-AS-2007-01)

【分类号】 20350235

运行 自任何人登上航空器准备飞行直至这类人员离开航空器为止的时间内所完成的飞行活动。

【词条英文】 Operation

【来源】 《民用航空器维修管理规范》第 3 部分:民用航空器维修事故与差错(MH/T 3010.3-2006)

【分类号】 10360017

运行飞行计划 是指合格证持有人根据飞机性能、其他运行限制及所飞航路与有关机场的预期条件件,为安全实施飞行所制订的计划。

【来源】 《大型飞机公共航空运输承运人运行合格审定规则》(CCAR-121-R5)(交通运输部 2017 年第 29 号)

【分类号】 20150158

运行控制 是指合格证持有人使用用于飞行动态控制的系统和程序,对某次飞行的起始、持续和终止行使控制权的过程。

【来源】 《大型飞机公共航空运输承运人运行合格审定规则》

Y

(CCAR-121-R5)(交通运输部 2017 年第 29 号)、小型航空器商业运输运营人运行合格审定规则(CCAR-135)

【分类号】 20150109

运行量 是指无人机运行所能达到的最大空域范围,包括无人机实际运行的空域范围以及运行责任人为避免无人机失控情况下进入相邻的融合空域而设定的遏制空域范围。

【词条英文】 Operational Volume

【来源】 《特定类无人机试运行管理规程(暂行)》(AC-92-2019-16)

【分类号】 20750020

运行人员 参与航空活动并能报告安全信息的人员。

【注】 这些人员包括但不限于飞行机组、空中交通管制员、航站工作人员、维修技术人员、航空器设计和制造机构人员、客舱机组、飞行签派员、停机坪人员和地面服务代理人员。

【词条英文】 Operational personnel

【英文释义】 Personnel involved in aviation activities who are in a position to report safety information.

Note.— Such personnel include, but are not limited to: flight crews; air traffic controllers; aeronautical stationoperators; maintenance technicians; personnel of aircraft design and manufacturing organizations; cabin crews; flight dispatchers, apron personnel and ground handling personnel.

【来源】 国际民用航空组织《安全管理》(附件 19)

【分类号】 10520027

运行手册 运行人员在履行其职责时所用的、包含程序、指令和指南的手册。

【词条英文】 Operations Manual

【来源】 《国际民航组织技术文件有关名词解释》(MD-AS-2007-01)

【分类号】 20120016

运输航空严重征候 大型飞机公共航空运输承运人执行公共航空运输任务的飞机，或者在我国境内执行公共航空运输任务的飞机，在运行阶段发生的具有很高事故发生可能性的征候。

【词条英文】 Air transportation serious incident

【来源】 《中华人民共和国民用航空行业标准》《民用航空器征候等级划分办法》，2018 年 12 月 14 日发布的《民用航空器事故征候》(MH/T 2001-2018)自 2021 年 10 月 1 日起正式实施

【分类号】 10360008

运输航空一般征候 大型飞机公共航空运输承运人执行公共航空运输任务的飞机，或者在我国境内执行公共航空运输任务的境外飞机，在运行阶段发生的征候。

【词条英文】 Air transportation incident

【来源】 《中华人民共和国民用航空行业标准》《民用航空器征候等级划分办法》，2018 年 12 月 14 日发布的《民用航空器事故征候》(MH/T 2001-2018)自 2021 年 10 月 1 日起正式实施

【分类号】 10360009

运输航空地面征候 大型飞机公共航空运输承运人的飞机在机场活动区内，或者境外公共航空运输承运人的飞机在我国境内的机场活动区内，处于非运行阶段时发生的导致飞机受损的征候。

【词条英文】 Air transpor tation ground incident

【来源】 《民用航空器征候等级划分办法》2021 年 10 月 1 日生效

【分类号】 10360020

运营基地 设立在不同于合格证持有人主运营基地的地点，具有飞行运行或者适航维修，或者两者兼有的运行资源和能力，且连续 6 个日历月内定期载客运行达到 10 班，非定期或者全货机运行达到 15 班的基地。

【来源】 小型航空器商业运输运营人运行合格审定规则（CCAR-135）

【分类号】 20150139

运营人 从事或将要从事航空器营运的个人、组织或企业。

【词条英文】 Operator

【来源】 《中国民用航空空中交通管理规则》（CCAR-93-R5）（交通运输部 2017 年第 30 号）、《国际民航组织技术文件有关名词解释》（MD -AS -2007-01）

【分类号】 20350212

Z

运营人所在国 运营人主要业务地点所在的国家，或者如无此种业务地点时，运营人的永久居住地点所在国。

【词条英文】 State of the Operator

【英文释义】 The State in which the operator's principal place of business is located or, if there is no such place of business, the operator's permanent residence.

【来源】 国际民用航空组织《安全管理》（附件 19）

【分类号】 10520030

Z

载荷系数 规定的载荷与航空器重量的比率，原来用气动力、惯性力或者地面效应的形式表达。

【词条英文】 Load factor

【来源】 《国际民航组织技术文件有关名词解释》(MD-AS-2007-01)

【分类号】 20120018

责任/问责制 对一个工作、人员、事物或行动负责，为此要求一个机构或个人或两者有义务承担责任的状态。

【词条英文】 Responsibility/accountability

【来源】 《国际民航组织技术文件有关名词解释》(MD-AS-2007-01)

【分类号】 20720018

责任事故 是指经过调查认定民航生产经营单位对事故发生负有责任的生产安全事故。

【来源】 《民航行政机关航空安全举报信息管理办法(试行)》(民航发[2020]56号)

【分类号】 10250017

责任主管 一个单一可识别的为该国国家安全方案或者相关服务提供者的安全管理体系的有效及高效绩效之负责人。

【词条英文】 Accountable executive

【英文释义】 A single, identifiable person having responsibility for the effective and efficient performance of the State's SSP or of the service provider's SMS.

【来源】 国际民用航空组织《安全管理手册》Doc9859

【分类号】 10520019

征候 是指在民用航空器运行阶段或者在机场活动区内发生的与航空器有关的，未构成事故但影响或者可能影响安全的事件。

【来源】《民用航空器事件调查规定(CCAR-395-R2)》

【分类号】 10350004

增强飞行视景系统(EFVS) 一种通过使用图像传感器，例如：前视红外线（FLIR)、毫米波辐射测量技术、毫米波雷达或微光图像增强，把前向的外部环境的地形图提供显示给驾驶员的电子飞行信息显示方式(该地形图显示区域内的自然或人工障碍物，包括它们的相对位置和标高)。

【来源】《大型飞机公共航空运输承运人运行合格审定规则》(CCAR-121-R5)(交通运输部 2017 年第 29 号)

【分类号】 20150184

增强视景系统(EVS) 一种对通过使用图像传感器获得的外部 景 象 的 电子实时图像进行显示的系统。

【来源】《大型飞机公共航空运输承运人运行合格审定规则》(CCAR-121-R5)(交通运输部 2017 年第 29 号)

【分类号】 20150166

战略缓解措施 是指在无人机起飞前，运行责任人采取的可减少无人机空中相撞风险的程序，通常采用降低飞机密度或单个无人机在融合空域内的运行时间来控制或减轻风险。

【词条英文】 Strategic Conflict Mitigation

【来源】《特定类无人机试运行管理规程(暂行)》(AC-92-2019-

22）

【分类号】 20750026

战术缓解措施 是指运行责任人采取的在很短的时间范围（数分钟到数秒）内减轻相撞风险的行为。战术缓解措施的表现形式为 SDAF 循环（侦测，决定，行动和反馈循环）。

【词条英文】 Tactical Conflict Mitigation

【来源】 《特定类无人机试运行管理规程（暂行）》（AC-92-2019-23）

【分类号】 20750027

障碍物 ❶所有固定的（无论临时性的还是永久性的）和可移动的物体，或其部分。

【词条英文】 Obstacle

【来源】 国际民航组织《飞行程序设计质量保证手册》Doc9906

【分类号】 20120032

❷位于供航空器地面活动的地区或突出于作为保护飞行中的航空器的规定面的、一切固定的（临时或永久的）和可动的物体，或这些物体的一部分。

【词条英文】 Impediment

【来源】 《中华人民共和国民用航空行业标准》（MH/T3011.3-2006）民用航空器的牵引

【分类号】 20160009

❸位于供飞机地面活动的地区上，或突出于为保护飞行中的航空器而规定的限制面之上，或位于上述规定限制面之外但评定为对空中航行有危险的，一切固定的（无论是临时的还是永久的）和移动的物体，或者是这些物体的一部分。

【词条英文】 Obstacle

【来源】 《民用机场飞行区技术标准》(MH5001-2021)、《国际民航组织技术文件有关名词解释》(MD-AS-2007-01)

【分类号】 20260037

照明系统的可靠性 指全部装置在规定的允许误差范围内工作,且该系统维持在可用状态的概率。

【词条英文】 Lighting system reliability

【英文释义】 The probability that the complete installation operates within the specified tolerances and that the system is operationally usable.

【来源】 国际民航组织公约附件 14《机场》

【分类号】 20210049

着陆方向标 用以指示当前规定的着陆和起飞方向的目视装置。

【词条英文】 Landing direction indicator

【来源】 《民用机场飞行区技术标准》(MH5001-2021)

【分类号】 20260071

着陆区 供航空器着陆或起飞的活动区部分。

【词条英文】 Landing area

【来源】 《中国民用航空空中交通管理规则》(CCAR-93-R5)(交通运输部 2017 年第 30 号)、国际民航组织公约附件 14《机场》

【分类号】 20350204

砧状云(云砧) 位于雷暴的顶端呈扁平、延伸状,形状类似铁砧。砧状云通常位于雷暴下风面,可能会延伸至数百公里,也可能出现在雷暴的上风面。

【来源】《航空器驾驶员指南-雷暴、晴空颠簸和低空风切变》(AC-91-FS-2014-20)

【分类号】 20150205

阵风锋 是指由雷暴下冲气流引起的阵风面的前缘;有时伴随着滩云或者滚轴云,也被称为阵旋风或外冲气流边界。

【来源】《航空器驾驶员指南-雷暴、晴空颠簸和低空风切变》(AC-91-FS-2014-20)

【分类号】 20150209

正切 某定位点、地点或目标在航空器左侧或右侧与航空器航迹成大约90°角。

【词条英文】 Abeam

【来源】 国际民用航空组织《空中交通管理》Doc4444

【分类号】 20350155

直角航线程序 为使航空器在起始进近航段降低高度和/或进入反向程序不可行时,使航空器入航的程序。

【词条英文】 Race Track

【来源】 国际民用航空组织《空中交通管理》Doc4444

【分类号】 20350157

直接经济损失 ❶航空器、航空器部件、车辆、设施和设备等地修复费用,包括材料费、工时费和运输费。

【词条英文】 Direct economic loss

【来源】《民用航空器维修管理规范》第3部分:民用航空器维修事故与差错(MH/T 3010.3-2006)

【分类号】 10360018

❷航空器及设备、设施修复费用，其包括：器材费、工时费、运输费。

【词条英文】 Direct pecuniary loss

【来源】 《国际民航组织技术文件有关名词解释》(MD-AS-2007-01)

【分类号】 20420003

直升机

一种重于空气的航空器，飞行时主要凭借一个或多个在基本垂直轴上由动力驱动的旋翼，依靠空气的反作用力获得支撑。

【注】 有些国家使用“旋翼机”一词替代“直升机”。

【词条英文】 Helicopter

【英文释义】 A heavier-than-air aircraft supported in flight chiefly by the reactions of the air on one or more power-driven rotors on substantially vertical axes.Note.— Some States use the term “rotorcraft” as an alternative to “helicopter”.

【来源】 《中国民用航空空中交通管理规则》(CCAR-93-R5)(交通运输部 2017 年第 30 号)、国际民用航空组织《安全管理》(附件19)、《国际民航组织技术文件有关名词解释》(MD-AS-2007-01)

【分类号】 20350194

直升机场

❶全部或部分供直升机进场、离场及表面活动使用的场地或在构筑物上的特定区域。

【词条英文】 Heliport

【英文释义】 An aerodrome or a defined area on a structure intended to be used wholly or in part for the arrival, departure and surface movement of helicopters.

【来源】 国际民航组织公约附件 14《机场》
【分类号】 20210050

❷一个机场或在结构物上划定的一块场地，其全部或一部分意图供直升机着陆、起飞和地面活动使用。
【词条英文】 Heliport
【来源】《国际民航组织技术文件有关名词解释》(MD-AS-2007-01)
【分类号】 20220013

直升机引航 使用民用直升机在轮船和港口之间运送引水员的飞行活动。
【来源】《通用航空经营许可管理规定》(CCAR-290)
【分类号】 20150054

直线进近 按照仪表飞行规则飞行时，最后进近航迹与着陆跑道中线延长线的夹角在 30°以内的仪表进近；按照目视飞行规则飞行时，不经过起落航线其他各边，直接加入第五边而进行着陆。
【词条英文】 Straight-in Approach
【来源】《中国民用航空空中交通管理规则》(CCAR-93-R5)(交通运输部 2017 年第 30 号)、国际民用航空组织《空中交通管理》Doc4444
【分类号】 20350245

职业健康安全 影响工作场所内员工(包括临时工、合同工)、外来人员和其他人员安全与健康的条件和因素。
【词条英文】 Occupational health and safety

Z

【来源】《职业健康安全管理体系 要求》(GBT28001—2011)
【分类号】 10560013

职业健康安全方针 防止工作人员受到与工作相关的伤害和健康损害并提供健康安全的工作场所的方针。
【注】 职业健康安全方针为采取措施和设定职业健康安全目标提供框架。
【词条英文】 OH&S policy
【来源】《职业健康安全管理体系 要求及使用指南》(GB/T 45001—2020/ISO 45001：2018)
【分类号】 10560024

职业健康安全风险 与工作相关的危险事件或暴露发生的可能性与由危险事件或暴露而导致的伤害和健康损害的严重性的组合。
【词条英文】 Occupational health and safety risk，缩写为 OH&S risk
【来源】《职业健康安全管理体系 要求及使用指南》(GB/T 45001—2020/ISO 45001：2018)
【分类号】 10560040

职业健康安全管理体系 用于实现职业健康安全方针的管理体系或管理体系的一部分。
【注 1】 职业健康安全管理体系的目的是防止对工作人员的伤害和健康损害，以提供健康安全的工作场所。
【注 2】 职业健康安全(OH & S)与职业安全健康(OSH)同义。
【词条英文】 Occupatioal health and safety management system，缩写为 OH & S system

【来源】《职业健康安全管理体系 要求及使用指南》(GB/T 45001—2020/ISO 45001：2018)

【分类号】 10560014

职业健康安全机遇 一种或多种可能导致职业健康安全绩效改进的情形。

【词条英文】 occupational health and safety opportunity，缩写为 OH&S opportunity

【来源】《职业健康安全管理体系 要求及使用指南》(GB/T 45001—2020/ISO 45001：2018)

【分类号】 10560041

职业健康安全绩效 为防止对工作人员的伤害和健康损害以及提供健康安全的工作场所的有效性相关的绩效。

【注】 职业健康安全绩效测量包括测量组织控制措施的有效性。

【词条英文】 Occupational health and safety performance，缩写为 OH&S performance

【来源】《职业健康安全管理体系 要求及使用指南》(GB/T 45001—2020/ISO 45001：2018)

【分类号】 10560023

职业健康安全目标 组织为实现职业健康安全方针相一致的特定结果而制定的目标。

【注】 只要可行目标应该是可测量的。

【词条英文】 Occupational health and safety objective，缩写为 OH&S objective

【来源】《职业健康安全管理体系 要求及使用指南》(GB/T 45001—2020/ISO 45001：2018)

【分类号】 10560022

指令与控制数据链路 是指无人机和控制站之间为飞行管理之目的的数据链接。

【词条英文】 Command and Control Data Link，也简称 C2

【来源】《特定类无人机试运行管理规程（暂行）》（AC-92-2019-06）

【分类号】 20750010

志愿申请人 在正式规章发布之前，志愿配合局方实施试运行，试运行期间志愿按照局方要求实施审定和补充审定，并接受监督检查的无人机运行责任人。

【来源】《特定类无人机试运行管理规程（暂行）》（AC-92-2019-14）

【分类号】 20750018

制造国 对负责航空器的最后组装的机构具有管辖权的国家。

【词条英文】 State of manufacture

【来源】《国际民航组织技术文件有关名词解释》（MD-AS-2007-01）

【分类号】 20720019

质量记录 表明正在如何达到某项质量要求或某一质量过程正在如何进行的客观证据。质量记录一般在质评估过程中得到审核。

【词条英文】 Quality record

【英文释义】 Objective evidence which shows how well a quality

requirement is being met or how well a quality process is performing. Quality records normally are audited in the quality evaluation process.

【来源】 国际民航组织《飞行程序设计质量保证手册》Doc9906

【分类号】 20120033

质量体系 实施质量管理所需的组织结构、程序、过程和资源。

【词条英文】 Quality system

【来源】 《国际民航组织技术文件有关名词解释》(MD-AS-2007-01)

【分类号】 20720020

中尺度对流系统 由对流单体、雷暴群和超级单体雷暴以各种形式组成，范围比单个雷暴系统尺度大，但比温带气旋小，通常会持续数小时或更长。

【来源】 《航空器驾驶员指南-雷暴、晴空颠簸和低空风切变》(AC-91-FS-2014-20)

【分类号】 20150210

中尺度气象情报 气象情报分析的一种，适用于水平范围从数十公里到数百公里的天气现象。

【来源】 《航空器驾驶员指南-雷暴、晴空颠簸和低空风切变》(AC-91-FS-2014-20)

【分类号】 20150211

中断着陆 在低于超障高度/超障高(OCA/H)的任一点意外中止着陆的操作。

【词条英文】 Balked landing

【英文释义】 A landing manoeuvre that is unexpectedly discontinued at any point below the obstacle clearance altitude/height (OCA/H).

【来源】 国际民航组织公约附件14《机场》

【分类号】 20210051

中国民航SSP四大框架 安全政策和目标、安全风险管理、安全保证、安全促进。

【来源】《中国民航航空安全方案》(CCAR398)

【分类号】 10120017

中国民航安全法规体系 由法律、行政法规和规章组成。为了落实安全法律、法规和规章,中国民用航空局各职能部门还颁布了配套的规范性文件。

【来源】《中国民航航空安全方案》(CCAR398)

【分类号】 10120001

Z

中国民航的安全指标体系 包含事故和事故征候指标、国家高层职能量化指标以及某些类型的不安全事件发生率等指标。

【来源】《中国民航航空安全方案》(CCAR398)

【分类号】 10120011

中国民用航空局内设机构 包括综合司、航空安全办公室、政策法规司、发展计划司、财务司、人事科教司、国际司(港澳台办公室)、运输司、飞行标准司、航空器适航审定司、机场司、空管行业管理办公室、公安局、机关党委(思想政治工作办公室)、党组纪检组(驻民航局监察局)、全国民航工会、离退休干部局等部门。截至2013年底,中国民用航空局下设7个地区管理局,负责对辖区内民用航空事务实施行业管理和监督。7个民航地区管理局根据安全管理和民用航空不同业务量的需要,共派出39个中国民用航空安全监督管理局、1个运行办,以及实行政企合一的民航西藏区局,负责辖区内民用航空安全监督和市场管理。

【来源】 《中国民航航空安全方案》(CCAR398)

【分类号】 10120009

中间等待位置 为进行交通控制而设定的位置,若管制部门要求滑行中的航空器和行进中的车辆在此停止和等待,则其应当在此停止或等待,直到管制部门发出放行指令时才能继续前进。

【词条英义】 Intermediate holding position

【来源】 《民用机场飞行区技术标准》(MH5001-2021)

【分类号】 20260038

终端(进近)管制区 设在一个或者几个主要机场附近的空中交通服务航路汇合处的管制区。

【词条英文】 Terminal/approach control area

【来源】 民用航空使用空域办法(CCAR-71)

【分类号】 20350072

终端管制区 设在一个或几个主要机场附近的空中交通服务航路汇合处的管制区。

【词条英文】 Terminal control area

【来源】 《中国民用航空空中交通管理规则》(CCAR-93-R5)(交通运输部2017年第30号)

【分类号】 20350248

Z

重大、特别重大民用航空器飞行事故 是指按照《民用航空器飞行事故等级》(国家标准 GB14648-93)所定义的重大、特别重大民用航空器飞行事故。

【来源】《民用航空器飞行事故应急反应和家属援助规定》(CCAR-399)

【分类号】 10450016

重大飞行事故 凡属于下列情况之一者:

(1)人员死亡,死亡人数在39人及其以上;

(2)航空器严重损坏或迫降在无法运出的地方[最大起飞质量在5.7t(含)以下的航空器除外];

(3)航空器失踪,机上人员在39人及其以上。

【词条英文】 Serious flight accident

【来源】《民用航空器维修管理规范》第3部分:民用航空器维修事故与差错(MH/T 3010.3-2006)

【分类号】 10360019

重大危险源 ❶是指具有严重破坏能力且必须立即采取防范措施的物质。

【来源】《民用航空安全检查规则》(CCAR-339-R1)

【分类号】 20550020

❷是指长期地或者临时地生产、搬运、使用或者储存危险物品,且危险物品的数量等于或者超过临界量的单元(包括场所和设施)。

【来源】《中华人民共和国安全生产法》(2021)

【分类号】 10530002

重复性飞行计划 由经营人提供。空中交通服务单位保存并重复使用的，基本特征相同的一系列重复的每个飞行定期运行飞行计划。

【词条英文】 Repetitive flight plan

【来源】《中国民用航空空中交通管理规则》(CCAR-93-R5)(交通运输部 2017 年第 30 号)

【分类号】 20350236

重伤

航空器飞行事故征候中受伤人员，经医师鉴定符合以下情况之一的为重伤：

(1)自受伤之日起 7 天内需入院治疗超过 48 小时以上；

(2)造成任何骨折，手指、脚趾或鼻部单纯折断除外；

(3)引起严重出血、神经、肌肉或腱等损坏的裂伤；

(4)涉及内脏器官受伤；

(5)有二度或三度、或超过全身面积百分之五以上的烧伤；

(6)经证实暴露于传染物质或受到有害辐射。

【词条英文】 Serious injury

【来源】《国际民航组织技术文件有关名词解释》(MD-AS-2007-01)

【分类号】 10320015

Z

重要点

用以标定空中交通服务航路 、航线和航空器的航径以及为其他航行和空中交通服务目的而规定的地理位置。

【词条英文】 Significant point

【来源】《中国民用航空空中交通管理规则》(CCAR-93-R5)(交通运输部 2017 年第 30 号)、民用航空使用空域办法(CCAR-71)

【分类号】 20350290

重要气象情报

气象部门发布的，可能影响到航空器运行

安全的、在特定航路出现或预期出现的天气现象的情报。

【词条英文】 SIGEMET

【来源】《中国民用航空空中交通管理规则》(CCAR-93-R5)(交通运输部 2017 年第 30 号)

【分类号】 20350071

主导能见度 当能见度因方向而有不同时,选出某个方向能见度值为 L 的角度范围 A,并以能见度大于 L 的角度范围为 B,当 B 小于 180°时,L 即为所选定的主导能见度。

【词条英文】 Prevaling Visibility

【来源】《中国民用航空空中交通管理规则》(CCAR-93-R5)(交通运输部 2017 年第 30 号)

【分类号】 20350073

主动测量 根据确定的标准检查危害和风险预防与控制措施,以及为实施职业安全健康管理体系所进行的活动。

【词条英文】 Active monitoring

【来源】《职业健康安全管理体系 要求》(GBT 28001-2011)

【分类号】 10560017

主跑道 在条件许可的情况下,比其他跑道优先使用的跑道。

【词条英文】 Primary runway

【来源】《民用机场飞行区技术标准》(MH5001-2021)

【分类号】 20260057

主起落架外轮间距 航空器外侧主起落架机轮外侧边之间的距离。

【词条英文】 Distance between outboard main wheels

【英文释义】《中华人民共和国民用航空行业标准》(MH/T3011.2-2006)民用航空器的停放与系留

【分类号】 20160004

主区 以规定的飞行航迹为对称轴划定的区域,在该区域内提供全额最低超障余度。

【词条英文】 Primary area

【来源】 民用航空使用空域办法(CCAR-71)

【分类号】 20350053

主最低设备清单(MMEL) 是指局方确定在特定运行条件下可以不工作并且仍能保持可接受的安全水平的设备清单。主最低设备清单包含这些设备不工作时航空器运行的条件、限制和程序,是运营人制定各自最低设备清单的依据。

【来源】《大型飞机公共航空运输承运人运行合格审定规则》(CCAR-121-R5)(交通运输部2017年第29号)、小型航空器商业运输运营人运行合格审定规则(CCAR-135)

【分类号】 20150122

Z

转场时间 是指在满足下列条件的飞行中所取得的飞行时间:

(1)实施飞行的人员持有驾驶员执照;

(2)在航空器中实施;

(3)含有一个非出发地点的着陆点;

(4)使用了地标领航、推测领航、电子导航设备、无线电设备或其他导航系统航行至着陆地点。

【来源】《民用航空器驾驶员、飞行教员和地面教员合格审定规则》(CCAR-61R2)

【分类号】 20150117

转换点 在用全向信标台标定的空中交通服务航路的航段上的某一点，自该点起，航空器由利用后方的导航设施导航转换为利用前方的下一导航设施导航。

【词条英文】 Changeover point

【来源】《中国民用航空空中交通管理规则》(CCAR-93-R5)（交通运输部 2017 年第 30 号）、民用航空使用空域办法(CCAR-71)

【分类号】 20350017

转机型训练 ❶曾在相同组类不同型别飞机的相同职位上经审定合格并服务过的机组成员和飞行签派员需要进行的改飞机型训练。

【来源】《大型飞机公共航空运输承运人运行合格审定规则》(CCAR-121-R5)（交通运输部 2017 年第 29 号）

【分类号】 20150110

❷曾在相同组类不同型别航空器的相同职务上经审定合格并服务过的机组成员需要进行的改飞机型训练。

【来源】 小型航空器商业运输运营人运行合格审定规则(CCAR-135)

【分类号】 20150144

准确性 估计值或测量值与其真实值之间的一致程度。

【词条英文】 Accuracy

【英文释义】 The degree of conformance between the estimated or measured value and its true value.

【来源】 国际民航组织《飞行程序设计质量保证手册》Doc9906、民用航空使用空域办法(CCAR-71)

【分类号】 20350002

桌面演练 由机场管理机构或参加应急救援的相关单位组织，各救援单位参加，针对模拟的某一类型突发事件或几种类型突发事件的组合以语言表达方式进行的综合非实战演练。

【来源】《民用运输机场突发事件应急救援管理规则》

【分类号】 10450011

咨询通告 是各职能部门下发的对民用航空规章条文所作的具体阐述。

【词条英文】 Advisory Circular

【来源】《中国民航航空安全方案》(CCAR398)

【分类号】 10120005

资格标准 是指对最低能力要求、适用参数、标准、适用飞行条件、评估策略、评估所用方法(如使用笔试、口试、经批准的模拟设备或航空器等)和适用参考文件的一个声明。

【来源】《大型飞机公共航空运输承运人运行合格审定规则》(CCAR-121-R5)(交通运输部2017年第29号)

【分类号】 20150060

资格标准文件 是指一个单独的文件，包含高级训练大纲中使用的所有资格标准，以及一个对评估过程所有方面进行详细说明的序言。

【来源】《大型飞机公共航空运输承运人运行合格审定规则》(CCAR-121-R5)(交通运输部2017年第29号)

【分类号】 20150062

资格认证 由认证机构、雇主或责任单位所发的以证明该人员达到本标准相应要求的书面证明。

【词条英文】 Certification

【来源】 《中华人民共和国民用航空行业标准》(MH/T3001-2012)航空器无损检测人员资格鉴定与认证

【分类号】 20460001

自动相关监视 一种监视技术,航空器通过数据链将来自机载导航和定位系统的数据自动发出。

【词条英文】 Automatic dependent curveil-lance

【来源】 《中国民用航空空中交通管理规则》(CCAR-93-R5)(交通运输部 2017 年第 30 号)

【分类号】 20350165

自我监督 生产部门建立的自我监督改进机制,自我监督是部门内部在生产维修活动中实现自我安全管理评审的方式。其重点关注在生产维修活动中生产维修现场监管的落实情况,安全生产隐患,设备、设施状况,检验员/技术员等人员的岗位职责履行情况,零件存放,标识和工作现场整洁等。

【词条英文】 Self-supervision

【来源】 中国民航维修管理手册 CAAC MMM

【分类号】 20450029

自由气球 是指无发动机驱动的轻于空气航空器,靠气体浮力或由机载加热器产生的热空气浮力维持飞行。

【来源】 《民用航空器驾驶员、飞行教员和地面教员合格审定规则》(CCAR-61R2)

【分类号】 20150190

自转旋翼机 是指一种旋翼机，其旋翼仅在起动时有动力驱动，在该旋翼机运动时旋翼不是靠发动机驱动的，而是靠空气的作用力推动旋转。这种旋翼机的推进方式通常是使用独立于旋翼系统的常规螺旋桨。

【来源】《民用航空器驾驶员、飞行教员和地面教员合格审定规则》(CCAR-61R2)

【分类号】 20150187

综合安全信息 是指企事业单位安全管理和运行信息，包括企事业单位安全管理机构及其人员信息、飞行品质监控信息、安全隐患信息和飞行记录器信息等。

【来源】《民用航空器安全信息管理规定》(CCAR-396-R3)

【分类号】 10250005

综合演练 由机场应急救援工作领导小组或者其授权单位组织，机场管理机构及其各驻机场参加应急救援的单位及协议支援单位参加，针对模拟的某一类型突发事件或几种类型突发事件的组合而进行的综合实战演练。

【来源】《民用运输机场突发事件应急救援管理规则》

【分类号】 10450012

组合视景系统(CVS) 一种结合运用增强视景系统(EVS)和合成视景系统(SVS)来显示图像的系统。

【来源】《大型飞机公共航空运输承运人运行合格审定规则》(CCAR-121-R5)(交通运输部2017年第29号)

【分类号】 20150185

Z

组织 为实现目标，由职责、权限和相互关系构成自身功能的一个人或一组人。

【词条英文】 Organization

【来源】 《职业健康安全管理体系 要求及使用指南》（GB/T 45001-2020/ISO 45001：2018）

【分类号】 10560025

最大改航时间 出于延程运行航路计划之用，指批准合格证持有人可使用的延程运行的最长改航时间。在计算最长改航时间时，假设飞机在标准条件下静止大气中以一台发动机不工作的巡航速度飞行。

【来源】 《大型飞机公共航空运输承运人运行合格审定规则》（CCAR-121-R5）（交通运输部 2017 年第 29 号）

【分类号】 20150088

最大商载 对于局方在技术规范中已规定最大无油重量的飞机，以最大无油重量减去空机重量、航空器携带的适用设备的重量和运行载重（包括最少机组成员、食物饮料和与这些食物饮料有关的供应品和设备的重量，但不包括可用燃油和滑油）所计算出的最大商载。

对于其他飞机，以最大审定起飞重量、较小空机重量、较少的机载设备重量和较小的运行必需重量（运行必需重量为最少的燃油、滑油重量和机组成员重量之和）所计算出的最大商载。机组成员、燃油和滑油的重量按照下列方法计算。

（一）规章要求的机组成员中每一成员的体重：

（1）男性飞行机组成员按照 82 千克；

（2）女性飞行机组成员按照 64 千克；

（3）男性客舱乘务员按照 82 千克；

(4)女性客舱乘务员按照 59 千克；

(5)客舱乘务员不区分性别时，体重平均按照 64 千克。

(二)滑油按照 157 千克或者型号合格审定中规定的重量。

(三)规章规定的一次飞行运行所需携带最少燃油量。

【来源】《大型飞机公共航空运输承运人运行合格审定规则》(CCAR-121-R5)(交通运输部 2017 年第 29 号)

【分类号】 20150106

最低部分产权份额

是指在部分产权项目中按下列要求确定的产权份额：

(1) 对于项目所属的固定翼亚音速飞机，等于或大于飞机价值的十六分之一；

(2) 对于项目所属的旋翼机，等于或大于旋翼机价值的三十二分之一。

【来源】 一般运行和飞行规则(CCAR-91-R2)

【分类号】 20150024

最低航路高度

考虑到无线电导航设施信号覆盖范围，在无线电导航设施之间为仪表飞行航空器所规定的能够满足超障余度的最低飞行高度。

【词条英文】 Minimum Enroute Altitude

【来源】《中国民用航空空中交通管理规则》(CCAR-93-R5)(交通运输部 2017 年第 30 号)

【分类号】 20350075

最低扇区高度

以一个无线电导航设施为中心、46 000 米(还要再加 9 000 米缓冲区)为半径的一个圆的不同扇区内，在紧急情况下可以运航的最低高度。

Z

【词条英文】 Minimum sector altitude

【来源】 《国际民航组织技术名词有关名词解释》(MD-AS-2007-01)

【分类号】 20120022

最低设备清单(MEL)

运营人依据主最低设备清单并考虑到各航空器的构型、运行程序和条件为其运行所编制的设备清单。最低设备清单经局方批准后,允许航空器在规定条件下,所列设备不工作时继续运行。最低设备清单应当遵守相应航空器型号的主最低设备清单,或者比其更为严格。

【来源】 《大型飞机公共航空运输承运人运行合格审定规则》(CCAR-121-R5)(交通运输部 2017 年第 29 号)、小型航空器商业运输运营人运行合格审定规则(CCAR-135)

【分类号】 20150111

最低下降高度(MDA)/最低下降高(MDH)

❶是指在非精密进近或者盘旋进近中,如果不能建立必需的目视参考,则不能继续下降的特定高度或者高。

Z

【词条英文】 Minimum descent altitude/ height

【来源】 《大型飞机公共航空运输承运人运行合格审定规则》(CCAR-121-R5)(交通运输部 2017 年第 29 号)、小型航空器商业运输运营人运行合格审定规则(CCAR-135)

【分类号】 20150167

❷在非精密进近或盘旋进近中规定的高度或高。在这个高度或高,如果没有取得要求的目视参考,必须开始复飞。最低下降高度以平均海平面为基准;最低下降高以机场或跑道入口标高为基准。

【词条英文】 Minimum descent altitude/ height

【来源】《中国民用航空空中交通管理规则》(CCAR-93-R5)(交通运输部 2017 年第 30 号)、《国际民航组织技术文件有关名词解释》(MD-AS-2007-01)

【分类号】 20350208

最低油量 ❶是指飞行过程中应当报告空中交通管制员采取应急措施的一个特定燃油油量最低值,该油量是在考虑到规定的燃油油量指示系统误差后,最多可以供飞机在飞抵着陆机场后,能以等待空速在高于机场标高 450 米(1 500 英尺)的高度上飞行 30 分钟的燃油量。

【词条英文】 Minimum Fuel

【来源】 《大型飞机公共航空运输承运人运行合格审定规则》(CCAR-121-R5)(交通运输部 2017 年第 29 号)

【分类号】 20150112

❷是指飞行过程中应当报告空中交通管制采取应急措施的一个特定燃油油量最低值,该油量最多可以供航空器在飞抵着陆机场后,能以等待空速在高于机场标高 450 米(1 500 英尺)的高度上飞行 30 分钟,其中应当考虑到规定的燃油油量指示系统误差。

【来源】 小型航空器商业运输运营人运行合格审定规则(CCAR-135)

【分类号】 20150151

❸表示航空器燃油供应已达到不能再耽搁状态的用语。

【词条英文】 Minimum Fuel

【来源】 国际民航组织《空中交通服务程序—空中交通管理》Doc4444

【分类号】 20350085

Z

最高管理者　在最高指挥和控制组织的一个人或一组人。

【词条英文】 Top management

【来源】 《职业健康安全管理体系 要求及使用指南》(GB/T 45001-2020/ISO 45001：2018)

【分类号】 10560035

最后储备燃油　对于某次飞行，在指定目的地备降机场时，是指使用到达目的地备降机场的预计着陆重量计算得出的燃油量；或者未指定目的地备降机场时，是指按照到达目的地机场的预计着陆重量计算得出的燃油量：对于活塞式发动机飞机，以等待速度在机场上空450米(1 500英尺)高度上在标准条件下飞行45分钟所需的油量或对于涡轮发动机飞机，以等待速度在机场上空450米(1 500英尺)高度上在标准条件下飞行30分钟所需的油量。

【来源】 《大型飞机公共航空运输承运人运行合格审定规则》(CCAR-121-R5)(交通运输部2017年第29号)

【分类号】 20150176

Z

最后进近　❶仪表进近程序的一个部分，从规定的最后进近定位点或一点开始，如未规定定位点或一点时，则开始于最后一个程序转弯、基线转弯或直角航线程序进场转弯的重点(如有规定时)或进近程序中规定的最后一个航迹的切入点，并终止于机场附近的一点，从该点可以进行着陆，或者开始进行复飞程序。

【词条英文】 Final Approach

【来源】 国际民用航空组织《空中交通管理》Doc4444

【分类号】 20350161

❷仪表进近程序的一部分。开始于规定的最后进近定位点。

【词条英文】 Final approach
【来源】《中国民用航空空中交通管理规则》(CCAR-93-R5)(交通运输部 2017 年第 30 号)
【分类号】 20350185

其他词条

Ⅰ类精密进近跑道 配备有仪表着陆系统和/或微波着陆系统以及目视助航设备的仪表跑道,供决断高低于 75 米但不低于 60 米(200 英尺),能见度不小于 800 米或跑道视程不小于 550 米的仪表进近运行的跑道。
【词条英文】 CAT I precision approach runway
【来源】 国际民航组织公约附件 14《机场》、《民用机场飞行区技术标准》(MH5001-2021)
【分类号】 20210002

Ⅱ类精密进近跑道 配备有仪表着陆系统和/或微波着陆系统以及目视助航设备的仪表跑道,供决断高低于 60 米(200 英尺)但不低于 30 米(100 英尺),跑道视程不小于 300 米的仪表进近运行的跑道。
【词条英文】 CAT II precision approach runway
【来源】 国际民航组织公约附件 14《机场》《民用机场飞行区技术标准》(MH5001-2021)
【分类号】 20210003

Ⅲ类精密进近跑道 决断高低于 30 米或无决断高,跑道视程不小于 300 米的仪表进近运行的跑道,其中:

(1)ⅢA:用于决断高小于 30 米或无决断高,跑道视程不小于

175米时运行；

（2）ⅢB：用于决断高小于15米或无决断高，且跑道视程小于175米但不小于50米时运行；

（3）ⅢC：用于无决断高和无跑道视程限制时运行。

【注】 目视助航设施不一定与所设置非目视助航设施的规模相匹配，选择目视助航设施的准则取决于所拟运行的各种状况。

【来源】 《民用机场飞行区技术标准》(MH5001-2021)

【分类号】 20260056

附录:民航安全术语分类检索表

◇安全监察(编号 101)

中国民航安全法规体系
安全目标
民航规范性文件
管理程序
咨询通告
管理文件
工作手册
信息通告
中国民用航空局内设机构
安全政策
中国民航安全指标体系
事故率指标
人员伤亡损失指标
事故征候率指标
监管职能量化指标
某些类型的不安全事件发生率指标
中国民航 SSP 四大框架
可接受安全绩效水平
航空安全风险管理
安全促进
审计
检查
监察员
监察员证
安全隐患
SMS 审核
SMS 审定
内部审核
外部审核

◇安全信息(102)

一般事件
民用航空安全信息
事件
事件信息
事发相关单位
安全监察信息
综合安全信息
事件信息收集
飞行机组成员
航空器损伤
影响航空器安全运行
安全工作作风
民航安全从业人员
航空安全举报信息
领导责任
民航生产经营单位
责任事故
党政同责
一岗双责
齐抓共管
失职追责
数据质量

◇事故调查(103)

告警服务
告警阶段
告警时间
紧急阶段
可控飞行撞地
情况不明阶段
人员死亡
授权代表
调查
训练事故征候
遇险阶段
原因
援救协调中心
重伤
严重征候
民用航空地面事故
事故
征候
运输航空地面征候
飞行时间
飞行中
航空器受损
机场活动区
民用航空器征候
人员轻伤
通用航空征候
运输航空严重征候
运输航空一般征候
非法飞行
跑道侵入
航空器运行阶段
人员死亡
维修事故
维修事故征候
一般飞行事故
运行
直接经济损失
重大飞行事故
一般事件
民用航空器事件调查员
民用航空器事件调查设备装备
民用航空器不安全事件调查信息
事件调查信息保护
事件调查涉密信息
事件调查敏感信息
事件调查一般信息

◇应急管理(104)

单项演练
非航空器突发事件
隔离机位
航空器突发事件
航空器突发事件的应急救援响应等级
机场及其邻近区域
机场区域应急救援方格网图

集结待命
紧急出动
原地待命
桌面演练
综合演练
应急事件
应急响应
民用航空器飞行事故
重大、特别重大民用航空器飞行事故处理协调小组
罹难者
幸存者
失踪者
家属
机场消防保障等级
机场消防站

◇综合安全管理(105)

安全
安全管理体系
安全风险
安全绩效
安全绩效目标
安全绩效指标
差错
差错管理
安全系数
管理
危险品
危险区
防范措施
风险
风险评价
风险分析/航空研究
风险缓解
管理变更
国家安全方案
较小后果的指标
可接受的安全绩效水平
严重后果的指标
责任主管
飞机
行业守则
运行人员
运营人所在国
特种设备
特种设备作业
有害作业
可接受的风险
持续改进
危害/危险源
健康损害
事件
危害辨识/危险源辨识
绩效
主动测量
被动测量

◇飞行标准(201)

障碍物
直升机
最低航路高度
最低扇区高度
最低下降高度(MDA)
最低下降高(MDH)
机场数据
磋商
核证
绘制地图
能力
审查
完整性
验证
质量记录
准确性
年检
通用航空机场
一般国际运输机场
一般国内运输机场
特别繁忙运输机场
城市消防
电力作业
个人娱乐飞行
商业非运输运营人
私用大型航空器运营人
海洋监测
大型航空器
航空表演
航空护林
航空器代管人
部分产权项目
航空喷洒(撒)
航空器代管
完全产权项目
航空器干租交换协议
航空摄影
航空探矿
最低部分产权份额
代管航空器
科学实验
代管服务
空中广告
航空作业
空中拍照
旋翼机
自转旋翼机
滑翔机
轻于空气航空器
自由气球
飞艇
初级飞机
授权教员
考试员
理论考试
实践考试
A类性能旋翼机
B类性能旋翼机

缩小垂直间隔标准(RVSM)空域
RVSM 航空器组
没有归组的 RVSM 航空器
RVSM 飞行包线
基于性能的导航(PBN)
所需导航性能(RNP)
全球导航卫星系统(GNSS)
接收机自主完好性监视(RAIM)
空中巡查
空中游览
跑道有效长度
企业高级管理人员
超障面
气象探测
机组资源管理
人工降水
课程提纲
商用、私用、运动驾驶员执照培训
石油服务
熟练评估
评估员
跳伞飞行服务
通用航空包机飞行
预先评估
教学系统开发
医疗救护
工作任务清单
渔业飞行
航线运行评估(LOE)
直升机引航
备降机场
航线运行模拟(LOS)
计划小时数
初始训练
资格标准
地面服务
资格标准文件
特别跟踪
训练期
转场时间
训练时间
单飞时间
衍生型
飞机组类
合适机场
非精密进近和着陆运行
构型、维修和程序(CMP)
起飞备降机场
航路备降机场
目的地备降机场
延程运行备降机场
延程运行区
机场运行最低标准
延程运行进入点
机长
延程运行合格人员
延程运行关键系统
客舱乘务检查员

延程运行
客舱乘务教员
空中停车(IFSD)
客舱乘务员
最大改航时间
一台发动机不工作的巡航速度
南极区域
飞行安全文件系统
飞行数据分析
湿租
定期载客运行
协议维修单位
最大商载
偏离
延伸跨水运行
豁免
飞行经历时间
精密进近和着陆运行
砧状云(云砧)
弓形回波
下冲气流
温带气旋
阵风锋
中尺度对流系统
中尺度气象情报
斜压
滚轴云
强雷暴
滩云

过冷水滴
上升气流
风切变
严重风切变
极严重结冰
严重结冰
飞行程序设计过程
飞行检查
飞行校验
飞行验证驾驶员
绩效标准
可飞性
可追溯性
利害攸关方
仪表飞行程序
目视气象条件
公共航空运输
定期公共航空运输
不定期公共航空运输
商业运输运营人
航空运营人
运行控制
运营基地
新雇员训练
初始训练
转机型训练
升级训练
定期复训
重新获得资格训练

差异训练
飞行时间
延伸跨水运行
最低油量
非精密仪表进近
精密仪表进近
决断高度(DA)/决断高(DH)
最低下降高度(MDA)
最低下降高(MDH)
仪表气象条件
超障高度(OCA)/超障高(OCH)
主最低设备清单(MMEL)
最低设备清单(MEL)
最低油量
最大商载
运行飞行计划
飞行签派员
飞机追踪
时间敏感零部件
外形缺损清单(CDL)
维修方案
污染跑道
无可用备降机场的特定目的地机场
增强视景系统(EVS)
最低下降高度(MDA)
最低下降高(MDH)
飞行记录器
机组必需成员
持续适航性
干跑道
合成视景系统(SVS)
类精密进近和着陆运行
平视显示器(HUD)
应急定位发射机
最后储备燃油
飞行能见度
维修工程管理手册
航线临界点(不可返回点)
救生型应急定位发射机
湿跑道
适航性
维修放行
增强飞行视景系统(EFVS)
组合视景系统(CVS)
航空器停留
净距
翼展
主起落架外轮间距
机坪
机坪滑行道
机上人员
机位滑行道

◇机场运行管理(202)

保持时间
Ⅰ类精密进近跑道
Ⅱ类精密进近跑道
Ⅲ类精密进近跑道

持证机场
除冰/防冰设施
大地基准
大地水准面
大地水准面高差
等待坪
独立平行进近
独立平行离场
短排灯
航空灯标
航空地面灯
航空器等级号(ACN)
航空器机位
恒定发光灯
机场
机场标高
机场灯标
机场地图数据(AMD)
机场地图数据库(AMDB)
机场基准点
机场交通密度
机场识别标记
机场许可证
机坪管理勤务
激光束临界飞行区(LCFZ)
激光束敏感飞行区(LSFZ)
净空道
拦阻系统
跑道侵入自主警告系统(ARIWS)
识别灯标
椭球高(大地高)
外来物碎片(FOD)
危险灯标
危险区
无激光束飞行区(LFFZ)
相关平行进近
循环冗余校验
易折物体
有效光强
照明系统的可靠性
直升机场
中断着陆
飞行区
消防通道
消防用水量
应答时间
除冰/防冰坪
着陆区
机场飞行的最低标准
机场交通
机场交通地带
机场净空区
机场手册
跑道入口内移
非精密进近跑道
保持时间
道面等级号
飞机等级号

进近管制服务
精密进近
空中航行服务
空中滑行道
空中交通
空中交通服务
空中交通服务单位
空中交通管理
空中交通管制单位
空中交通管制放行许可
空中交通管制服务
空中交通管制员
空中交通流量管理
空中交通咨询服务
空中交通服务报告室
空中交通服务航路
民用航空气象服务机构
能见度
气象当局
区域管制服务
地空通信
准确性
管制移交点
区域导航
航空器
航空电台
航空电信网
航线
航路

标高
转换点
概率可容度
管制空域
交通避让通告
管制扇区
接地点
管制区
接收单位
管制地带
进近管制室
救援协调中心
循环冗余校验
空域管理
推测领航
飞行情报区
航向
等待
完整性
雷达安全区
起始进近航段
雷达干扰
轻型航空器
雷达间隔
雷达监控
雷达进近
主区
报告点
雷达识别

区域导航航路
目视间隔
所需导航性能
跑道
副区
跑道视程
塔台管制室
重要点
标准大气压
尾流
标准仪表进场
限制区
标准仪表离场
重要气象情报
终端(进近)管制区
主导能见度
入口
最低航路高度
管制移交点
航空数据
备降机场
飞行能见度
交叉定位点容差区
空管设备投产开放
流量控制
通信导航监视设备定期开放
最低油量
道面活动
通信导航监视设备特殊开放

等待程序
空管设备强制关闭
反向程序
高
高度层
告警服务
管制地带
航空器识别
航行资料汇编
航空移动服务
进近管制服务
进近顺序
航空器分类
地空管制无线电台
雷达看到
雷达识别
雷达引导
目视气象条件
能见进近
盘旋进近
偏航
修正海压高度
许可界限
告警阶段
仪表进近程序
预计到达时间
高度
预计进近时间
遇险

◇适航审定及维修(204)

翻修
基准级程
服务通告/服务信函
传声器系统的自由场灵敏度级
校准检查频率
改装
维修方案
级差
航线维修
基准级差
时间平均频带声压级
特殊检查
定检
级非线性
适航性限制项目
级程
线性工作范围
审定维修要求
单机档案
防风罩插入损失
初始批准的维修文件
个人因素
公司维修文件
可用架日
航空器运行阶段
维修差错
维修活动
工程指令
维修能力评审
自我监督
维修审查委员会报告
飞机可靠性方案
资格认证
地面维修设备
试飞
试飞方案
静电释放
静电释放敏感器材
差错
工效学
工效学审查
惯例
环境
人体测量学
诱因
外表损伤
经停站
履历文件
维修记录
维修证明文件
工作现场
航空器维修区
航空器维修人员

◇航空安保(205)

飞行中
机组成员
航空安全员

◇航空运输(206)

航空货运单
国内航线
区际航线
区内航线
加班
航季

◇其他(207)

(法)人
(事故)调查员
被授权人员
出事所在国
初始报告
灯光系统的可靠性
登记国
服务提供人
航空研究
经营人所在国
民航航空当局
人的表现
人的因素原则
设计国
完整性(航空数据)
虚警率
责任/问责制
制造国
质量体系
视距内运行
无人机
无人机系统
无人机云系统
无人机观测员
空机重量
遥控站
指令与控制数据链路
扩展视距运行
超视距运行
融合空域
隔离空域
风险
威胁
分布式操作
志愿申请人
特定运行风险评估
运行量
遏制空域
地面风险等级
伤害
冲突等级
空中风险等级
战略缓解措施
战术缓解措施

参 考 文 献

[1]2020年民航行业发展统计公报,http://www.caac.gov.cn/XXGK/XXGK/TJSJ/202106/t20210610_207915.html 中国民用航空局官网，2021.

[2]周其焕．略论民航术语的统一和规范化[J]. 中国民航大学学报，2004，(6).

[3]陈大亮，周其焕．航空术语的翻译与民航发展的关联——兼论术语发展中的动态性演变[J]. 中国科技术语，2013，15(5):30-34.

[4]全国科学技术名词审定委员会．航空科学技术名词[M]. 北京:科学出版社,2003.

[5]交通大词典编辑委员会．交通大词典:航空运输篇[M]. 上海:上海交通大学出版社,2005.592-751.

[6]民用航空专用词汇编写组．民用航空专用词汇汇编(试用)[M]. 北京:中国民航总局政策法规司,2007.

[7]姚勇春．英汉航空运输管理词典[M]. 北京:科学出版社,1995.

[8]《国防科技名词大典》总编委会．国防科技名词大典(航空卷)[M]. 北京:航空工业出版社/兵器工业出版社/原子能出版社,2002.

[9]《中华人民共和国安全生产法》,(2021).

[10]国际民航组织公约附件19《安全管理》.

[11]国际民航组织Doc9859《安全管理手册》.

[12]《中华人民共和国民用航空法》.

[13]《中华人民共和国突发事件应对法》.

[14]《中国民用航空监察员管理规定》(CCAR-18-R3).

[15]《中国民航航空安全方案》(CCAR-398).

[16]《民航安全隐患排查治理长效机制建设指南》(民航规〔2019〕11号)

[17]《安全生产事故隐患排查治理暂行规定》(安监总局令第16号).

[18]《民航安全管理体系(SMS)审核管理办法》(民航规[2021]12号)

[19]《民用航空器事件调查规定》(CCAR-395-R2).

[20]《民用航空器飞行事故应急反应和家属援助规定》(CCAR-399).

[21]《民用航空器征候等级划分办法》.

[22]《中华人民共和国搜寻救援民用航空器规定》.

[23]《中国民用航空局处置民用航空器事故应急预案》(民航发[2021]32号)

[24]《民用航空器事件调查设备装备管理办法》(民航综安发[2020]2 号

[25]《民用航空器事件调查员培训管理办法》(民航综安发[2020]3 号)

[26]《民用航空器事件调查员管理办法》(民航综安发[2020]4 号)

[27]《民用航空器不安全事件调查信息保护管理办法》(民航发[2019]68 号)

[28]《民航行政机关航空安全举报信息管理办法(试行)》(民航发[2020]56 号)

[29]《国务院关于特大安全事故行政责任追究的规定》.

[30]《生产安全事故报告和调查处理条例》(国务院 493 号令).

[31]《生产安全事故报告和调查处理条例》(国务院第 493 号令)问答汇编.

[32]《民用航空安全信息管理规定》(CCAR-396-R3).

[33]《事件样例》(AC-396-08R2).

[34]《关于促进民航安全从业人员工作作风建设的指导意见》(民航发[2020]2 号)

[35]《民航安全从业人员工作作风长效机制建设指南》(民航规[2021]23 号)

[36]《一般运行和飞行规则》(CCAR-91R2).

[37]《大型飞机公共航空运输承运人运行合格审定规则》(CCAR-121-R5).

[38]《外国公共航空运输承运人运行合格审定规则》(CCAR-129).

[39]《小型航空器商业运输运营人运行合格审定规则》(CCAR-135).

[40]《运输机场运行安全管理规定》(CCAR-140-R1).

[41]《运输机场安全管理体系(SMS)建设指南》(AC-139/140-CA-2019-3)

[42]《中国民用航空空中交通管理规则》(CCAR-93-R5)

[43]《民用航空器维修单位合格审定规定》(CCAR-145-R3).

[44]《维修和改装一般规则》(CCAR-43).

[45]《民用航空器维修管理规范》第 3 部分:民用航空器维修事故与差错(MH/T3010.3-2006).

[46]《飞行训练中心合格审定规则》(CCAR-142).

[47]《民用航空器驾驶员学校合格审定规则》(CCAR-141).

[48]《飞行模拟设备的鉴定和使用规则》(CCAR-60).

[49]《公共航空运输企业航空安全保卫规则》(CCAR-343).

[50]《中国民用航空危险品运输管理规定》(CCAR-276).

[51]《民用航空器维修单位合格审定规定》(CCAR-145-R3).

[52]《民用航空器维修人员执照管理规则》(CCAR-66-R1).

[53]《民用航空器维修培训机构合格审定规定》(CCAR-147).
[54]《民用航空飞行签派员执照管理规则》(CCAR-65FS-R2).
[55]《民用航空器驾驶员和地面教员合格审定规则》(CCAR-61).
[56]《运输机场使用许可规定》(CCAR 139CA-R3).
[57]《民用航空使用空域办法》(CCAR-71TM).
[58]《民用航空空中交通管理运行单位安全管理规则》(CCAR-83).
[59]《民用航空导航设备开放与运行管理规定》(CCAR-85).
[60]《民用航空空中交通通信导航监视设备使用许可管理办法》(CCAR-87).
[61]《民用航空器国籍登记规定》(CCAR-45).
[62]《民用航空产品和零部件合格审定规定》(CCAR-21).
[63]《正常类、实用类、特技类和通勤类飞机适航规定》(CCAR-23).
[64]《运输类飞机适航标准》(CCAR-25).
[65]《正常类旋翼航空器适航规定》(CCAR-27).
[66]《运输类旋翼航空器适航规定》(CCAR-29).
[67]《航空器型号和适航合格审定噪声规定》(CCAR-36).
[68]《民用机场和民用航空器内禁止吸烟的规定》(CCAR-252FS).
[69]《民用航空器驾驶员、飞行教员和地面教员合格审定规则》(CCAR-61R2).
[70]《航空器驾驶员指南-雷暴、晴空颠簸和低空风切变》(AC-91-FS-2014-20).
[71]《RNAV5 运行批准指南》(AC-91-8).
[72]《职业健康安全管理体系 要求及指南》(GB/T 45001—2000).
[73]《民用机场飞行区技术标准》(MH5001-2021)
[74]《民用航空运输机场飞行区消防设施》(MH/T 7015-2007)
[75]《防止机场地面车辆和人员跑道侵入管理规定》(AP-140-CA-2011-3)